实用冲压模具现场加工与装配

刘再华 主 编
粟汝才 胡再兴 李新亮 副主编

SHIYONG CHONGYA MUJU
XIANCHANG JIAGONG
YU ZHUANGPEI

化学工业出版社

·北京·

内容简介

冲压模具需要按照图纸和技术要求进行组装、加工、安装和调试等工作，以确保能够正常工作并达到生产要求。《实用冲压模具现场加工与装配》整理了冲压模具现场调校常见工艺节点的操作方法、技术要求和故障处理，内容包括零配件现场装配、品质控制、模具调试、现场作业流程及安全等方面。其核心目的是规范模具制造和使用，提高工作效率和产品质量，确保模具的性能和稳定性，同时满足客户需求并保障生产安全。

本书可供从事冲压模具调校的工艺技术人员和岗位操作人员参考，可用于冲压工、冲压设备维护工人培训。

图书在版编目（CIP）数据

实用冲压模具现场加工与装配 / 刘再华主编 ；粟汝才，胡再兴，李新亮副主编. -- 北京 ： 化学工业出版社，2025. 3. -- ISBN 978-7-122-47263-2

Ⅰ. TG385.2

中国国家版本馆 CIP 数据核字第 20253TS965 号

责任编辑：李玉晖
文字编辑：陈立璞
责任校对：王　静
装帧设计：刘丽华

出版发行：化学工业出版社
　　　　　（北京市东城区青年湖南街 13 号　邮政编码 100011）
印　　装：河北延风印务有限公司
787mm×1092mm　1/16　印张 7¾　字数 173 千字
2025 年 8 月北京第 1 版第 1 次印刷

购书咨询：010-64518888
售后服务：010-64518899
网　　址：http://www.cip.com.cn
凡购买本书，如有缺损质量问题，本社销售中心负责调换。

定　　价：39.00 元　　　　　　　　　　　　版权所有　违者必究

前言

冲压加工是一项重要的机械加工制造工艺,广泛应用于汽车的车身、车架、零部件等制造,同时还越来越多地用于交通工具、电子设备、医疗器械等众多制造领域。它利用模具对金属板料施加压力,使之变形并形成各种零件和部件。冲压模具零件加工和装配的精确度至关重要,如果冲压模具出现误差或偏差,可能会导致产品质量下降,汽车冲压件的质量甚至影响整个车辆的性能。同时,冲压模具的寿命和稳定性也是影响企业生产成本的重要因素。因此,需规范冲压现场工艺操作,以减少废品,降低返工率,从而降低生产成本,提高企业的经济效益。

冲压模具现场加工与装配主要包括以下工作内容:

1. 模具的装配。根据装配图和技术要求,将各个零件按照顺序组装成完整的模具。需要保证各零件之间的配合精度和位置精度,确保模具能够正常工作。

2. 模具的调整。在组装完成后,需要对模具进行调试和调整,确保模具的零配件间隙、尺寸、形位公差等参数符合要求。

3. 模具的加工。对于一些无法在车间加工的零件,需要使用铣床、钻床、锯床等设备进行现场加工。

4. 现场安装和调试。在模具加工完成后,需要将其安装在冲压机上,并进行调试和试冲。需要确保模具的安装位置正确,调试结果符合要求,能够正常工作。

5. 现场维护和保养。在冲压生产过程中,需要对模具进行定期维护和保养,包括检查紧固件是否松动、润滑系统是否正常、模具表面是否磨损等。

本书对冲压模具现场加工制造和装配技术进行了整理,以生产现场工作流程为序,包括了从零配件接收到完成模具组立、包装出货的各个环节,详细介绍了其工作方法和技术要求。本书可用于冲压生产技术工人培训,也可供冲压加工工程技术人员参考。

编著者

目录

第 3 章
模具调试
081

第 4 章
现场作业流程及安全
100

第 **1** 章

现场装配

1.1　零配件接收

（1）零配件接收前要求

所有的模板及零件加工完成后移交装配前需检测合格、外观干净，配件按模具进行归类后统一移交。

（2）零配件的外观及螺栓孔要求

① 零配件表面不允许有撞刀、碰伤、敲伤、刮伤、生锈、烧焦、烧焊、黑皮、气孔、刀口损坏、未倒角或倒角不标准等不良现象。

② 不允许有加工面光洁度不够，孔内粗糙或有毛边，沉头孔、弹簧孔或氮气弹簧孔底孔不平，零配件没有编码等外观不良现象（下模板及夹板侧面除外）。

③ 螺栓孔内要保证光洁无台阶，孔要均匀倒角，螺栓过孔、沉头孔倒角要同心。螺纹孔不允许有错攻、漏攻、滑牙等现象，螺纹段的有效深度为其直径（大径）的 3 倍以上。

④ 3D 件需经蓝光扫描合格并贴绿色标签后才可移交装配部门。

⑤ 所有的尺寸要与图纸一致。

如图 1-1-1～图 1-1-8 所示。

(a) 零件表面光洁，无碰伤、刮伤、敲伤、　　　(b) 零件加工面无撞刀、毛刺、刮痕、塌角等
烧焦、烧焊、生锈、黑皮、气孔等

图 1-1-1　模具零件表面要求

(a) 所有模板及零件的非功能角按标准倒角

(b) 线切割加工的冲头和刀口无加工纹路，冲头硬度60~62HRC，下模刀口硬度58~60HRC

图1-1-2　模板零件表面功能要求

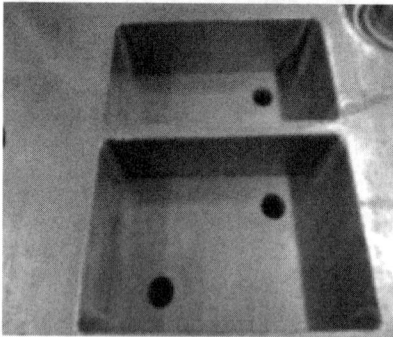

(a) 镶件槽可倒角R0.6mm左右，槽内光洁，不得有加工导致的台阶

(b) 成形镶件热处理硬度58~60HRC，所有的加工基准必须统一，且加工后刀纹不可太粗糙，3D加工的模具表面精铣到位

图1-1-3　镶件零件功能要求

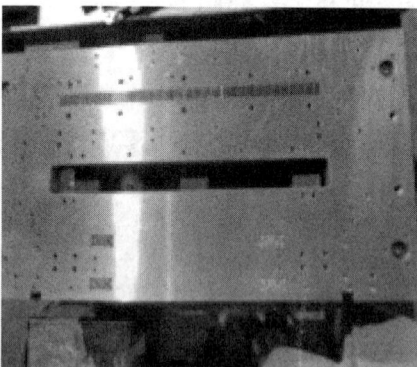

(a) 大模板表面平滑光洁，无漏加工，孔内无铁屑、毛刺等不良现象，且倒角均匀

(b) 整体加工的3D型面要按照图纸要求精加工到位，表面无粗糙现象，且有检测合格报告

图1-1-4　模板零件加工要求

图 1-1-5　冲头及刀口加工要求

冲头及刀口表面不得有碰伤、塌角、撞缺等，

冲头及下模刀口不得有锉修、打磨及烧焊过的痕迹

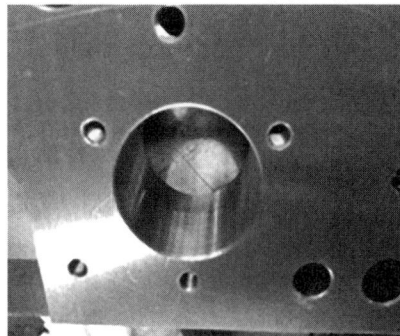

图 1-1-6　导柱与导套零件加工要求

导柱孔、导套孔内保证光洁，孔径严格按图纸要求间隙

加工并保证孔的圆度和垂直度；同时要与相应的导柱、

导套进行实配，不可太松、太紧，且应倒角

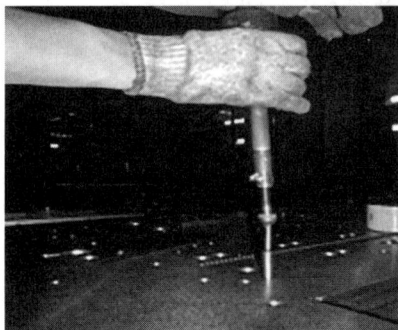

图 1-1-7　销钉孔加工要求

用铜块轻敲相应大小的销钉可至底而不滑落，

使用拔销器用适当的力可顺畅拔出且不损坏销钉

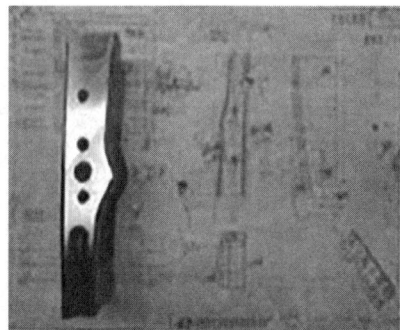

图 1-1-8　接收零配件时的要求

接收零配件时要有加工图及

品保检查合格标签

（3）加工公差要求

如表 1-1-1 所示（所有模板及 3D 件的数据以检测报告数据为准）。

表 1-1-1　模板和 3D 件的公差　　　　　单位：mm

模板的公差				3D 件的公差		
检查内容	长度 2m 以下	长度 2~3m	长度 3m 以上	检查内容	厚度 40mm 及以下	厚度 40mm 以上
平面度	±0.06	±0.10	±0.15	垂直度	±0.02	±（0.03~0.05）
销钉孔、键槽、镶件槽、导柱孔、导套孔的相对位置	±0.02	±（0.02~0.03）	±0.04	线切割孔的垂直度	±0.01	±0.02
外形尺寸	±1.0	±2.0		线切割孔的相对位置	±0.02	
厚度	±（0.5~0.8）			型面	+0.05/-0.02	
螺栓孔距	±0.25 以内					

1.2 零配件处理

（1）零配件接收

接收零配件时应对照图纸进行清点，并将冲头和刀口、上模零配件、下模零配件、异常零配件分类摆放。

（2）零配件清点

① 对零配件的外观进行检测，严格按零配件接收标准进行接收。

② 对照图纸数据，用卡尺、高度规等测量工具对零配件进行自检。检测内容主要包括外形尺寸，沉头孔的深度、孔径，导柱孔、导套孔和销钉孔的内径与垂直度，镶件槽的深度与垂直度，镶件的垂直度，螺纹孔的底孔大小和有效螺纹深度等。

典型零配件的检测如图 1-2-1～图 1-2-3 所示。

| (a) 用高度规检测镶件槽的深度 | (b) 用高度规检测镶件的垂直度 |

图 1-2-1　用高度规检测镶件槽的深度和镶件的垂直度

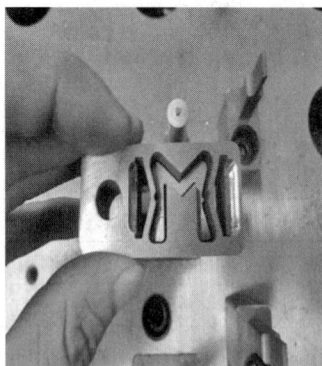

图 1-2-2　冲头与凹模的单独装配检测　　　　图 1-2-3　滑块的实际装配检测

③ 接收零配件时需在图纸上做好详细的记录，对于检查合格的零配件应注明接收时间，并扫描图纸上的工件编号条码录入 ERP 系统内；对于异常零配件需开内部异常联络单，注明开出时间、责任部门、模具编号、零配件编号及名称、开出部门及人员名称、异常情

况描述、原因分析及处理意见，并移交相关责任部门进行处理。

（3）零配件清理

① 在装配前需对每一个零配件进行清理（如毛刺清理、非功能角倒角、油污及孔内污垢清理、退磁处理等，见图1-2-4～图1-2-7），确保合格后才可以进行装配。

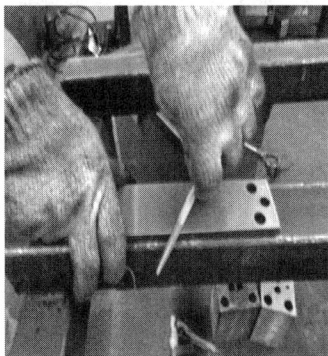

图1-2-4　毛刺清理

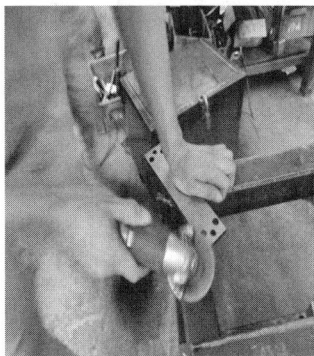

图1-2-5　非功能角倒角

图1-2-6　油污及孔内污垢清理

图1-2-7　退磁处理

② 清理线切割接线头、修刀纹、清理加工面的外观、抛光处理成形件等，确保每一个零配件为合格状态后才可以进行装配，如图1-2-8～图1-2-11所示。

图1-2-8　线切割纹路清理

图1-2-9　镶件装配面研磨

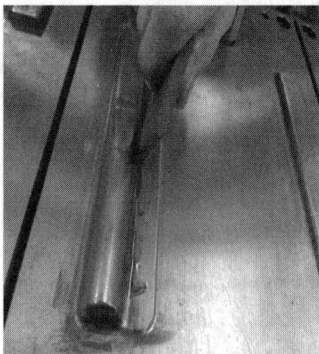

图 1-2-10　表面处理

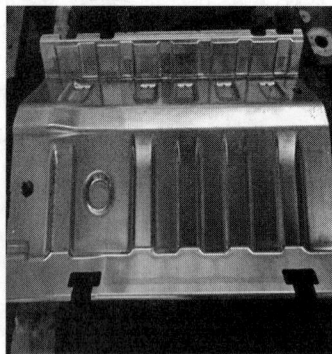

图 1-2-11　抛光处理

（4）零配件摆放

① 零配件的摆放环境要求干净整洁；

② 零配件应摆放整齐，不可堆积（图 1-2-12）；

③ 每一套模具的零配件要区分开来，不可混放，暂时不用的零配件应涂防锈油并用保鲜膜封好（图 1-2-13）。

(a) 错误示例

(b) 正确示例

图 1-2-12　零配件摆放示例

(a) 分类摆放

(b) 封装

图 1-2-13　零配件摆放要求

1.3 零配件刻字

如图 1-3-1～图 1-3-8 所示。

图 1-3-1　刻字方向位置

按客户要求刻上零配件信息，且统一刻在零配件的非功能面

内容示例	表达意思	来源
LM50	客户代码	按客户要求选择
15016	模具编号	按客户要求选择
UB003	零配件编号	设计图档
C	材质代码	设计图档
SD	供应商代码	按客户要求选择

图 1-3-2　刻字内容及来源

图 1-3-3　刻字的规范要求

字印清晰，字体大小一致、整齐，零件信息与图档相符，
零配件的硬度必须是检测的实际硬度

图 1-3-4　防止零配件装反的刻字

在设计时有些零配件为了防止装反，必须在图档上标注，用
CNC 在表面显眼的位置刻字，字体要大小合适、清晰可见

图 1-3-5　软料上的刻字要求

软料上的刻字用钢印
敲出来，要求字印清晰

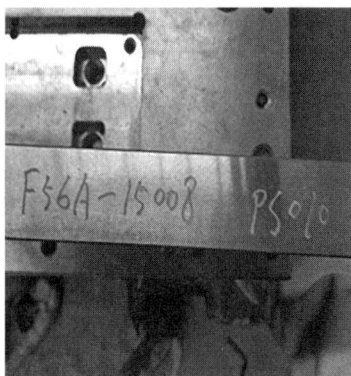

图 1-3-6　硬料上的刻字要求

硬料上的刻字用装圆头型合金打磨头的风磨
机刻出来，要求字体为正楷，字印清晰可见

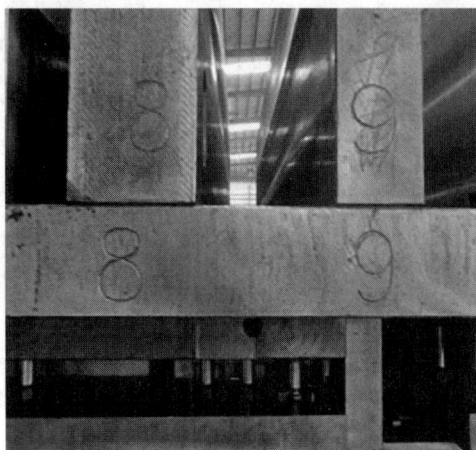

图 1-3-7 垫板上的刻字要求
所有的垫板都要刻字防止装反，即在模具和垫板的连接
位置刻上对应的字码。对应的字码全部使用数字编码

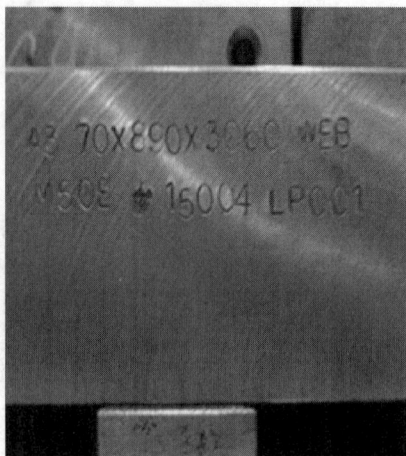

图 1-3-8 模座上的刻字要求
每套模具的模座上都要用钢印敲上客户代码、
模具编号、高×宽×长，要求字印清晰

1.4 销钉装配和配铰

内螺纹圆柱销钉如图 1-4-1 所示，尺寸见表 1-4-1。

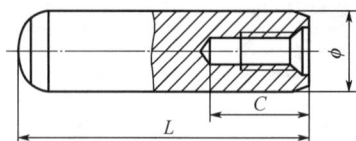

图 1-4-1 内螺纹圆柱销钉

表 1-4-1 内螺纹圆柱销钉尺寸   单位：mm

ϕ	C	M×P	L
6	8	4×0.7	
8		5×0.8	
10	10	6×1.0	常见销钉公称长度系列以 5mm、10mm 为间隔单位
12			
13	15	8×1.25	
16			

注：M 为螺纹公称直径，P 为螺距。

（1）销钉孔处理

① 如图 1-4-2（a）所示的线切割销钉孔收线槽利角，需用锉刀清角并均匀倒角，以防销钉表面被划伤。

② 加工销钉孔需注意：销钉孔的垂直度、松紧度，是否有钻穿、漏铰、错加工为螺

孔等加工异常现象出现。

③ 如图1-4-2（b）所示，销钉孔若在硬料上，需用锉刀修倒角处利角，以防销钉表面被划伤。

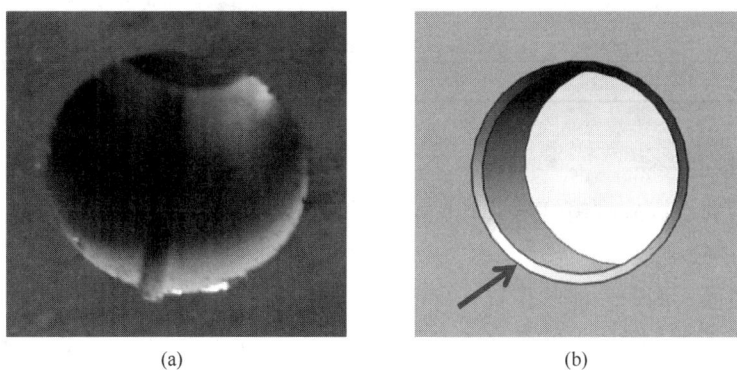

(a)   (b)

图1-4-2　销钉孔处理

（2）销钉装入销钉孔后敲进模板

销钉松紧装配要求：①松配：能够徒手将销钉按进销钉孔内，且销钉不滑落；②紧配：利用铜棒等敲击，能够将销钉装进孔内。

销钉松紧装配见图1-4-3。表1-4-2是固定方式与销钉松紧装配的对应关系。

图1-4-3　销钉松紧装配

表1-4-2　固定方式与销钉松紧装配的对应关系

固定方式	松配	紧配
上垫板-上模座	上垫板	上模座
上夹板-上模座	上夹板	上模座
上夹板-上垫板	上夹板	上垫板
冲头-上夹板	冲头	上夹板
脱料板入子-脱料板	脱料板入子	脱料板

固定方式	松配	紧配
导尺-下模板	导尺	下模板
下模板-下垫板	下模板	下垫板
下模板-下模座	下模板	下模座
下垫脚-下模座	下垫板	下模座

（3）装卸销钉方法

① 拔销用的螺钉旋进销钉螺纹孔的有效长度应为其直径的1.5倍以上，以避免销钉螺纹孔和拔销头螺纹被损坏。

② 同一板面上同一功能的销钉长度必须一致，打入的深度也应一致。

③ 销钉孔为通孔时应注意销钉不得打入太多，以防打过头而不能固定板件。

④ 盲销钉孔的选用标准：销钉孔不是通孔时应选用透气销钉，其透气槽的主要功能是在销钉打入后有效地进行真空排气。图1-4-4为普通销钉和透气销钉。

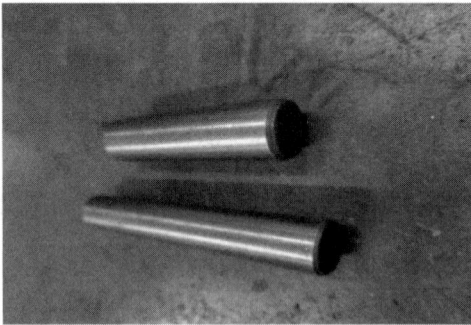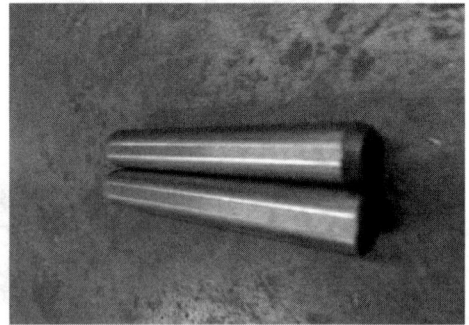

(a) 普通销钉　　　　　　　　　　　　(b) 透气销钉

图1-4-4　普通销钉和透气销钉

⑤ 销钉的不良现象见图1-4-5。

（4）销钉配铰工艺

以配钻ϕ10mm的销钉孔为例进行介绍。

① 钻中心孔：用与夹板销钉直径相等的钻头钻5mm深的中心孔（引孔），见图1-4-6。

② 钻底孔：用比销钉直径小3～4mm的钻头钻底孔，见图1-4-7。如果此模具的标准为销钉通孔，还需将背面打孔，做到与其他销钉一样大的背面孔。钢板模用的是普通销钉。

③ 扩孔：用比销钉直径小0.2mm的钻头扩大底孔，见图1-4-8。

④ 铰孔：首先加油（起润滑降温的作用），然后垂直缓慢地手动进给（过快会歪斜和晃动，孔径易大且损刀，并应注意铰刀不能反转，否则易损坏刀具）；铰1/4时用销钉试装确认松紧度后，再铰销钉直径的3倍深度（图1-4-9）；最后去除毛刺，将铁屑清除干净。

(a) 拉毛

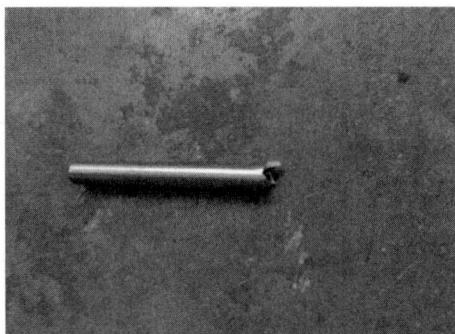

(b) 断裂

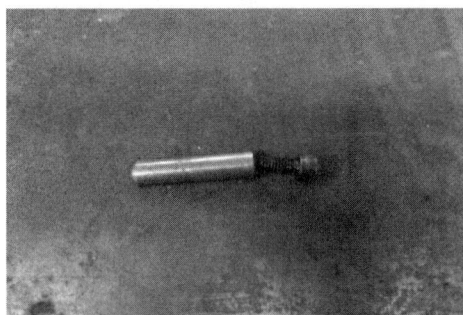

(c) 螺纹牙不顺

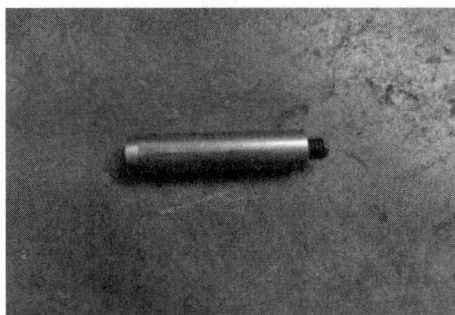

(d) 螺钉断在销钉内

图 1-4-5　销钉的不良现象

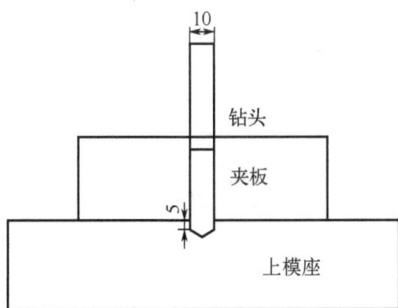

图 1-4-6　钻中心孔

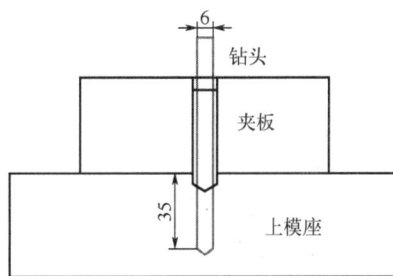

图 1-4-7　钻底孔

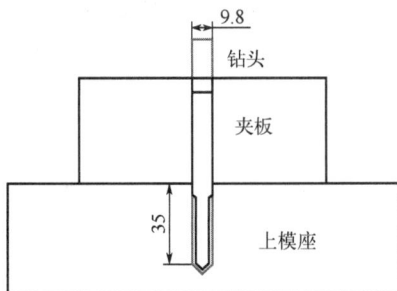

图 1-4-8　扩大底孔

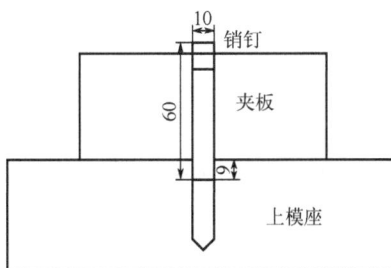

图 1-4-9　铰孔

1.5 螺钉装配

（1）螺钉连接

图 1-5-1 是螺钉连接，表 1-5-1 是常用螺钉规格。

表 1-5-1　常用螺钉规格

螺钉规格		螺纹深度	螺孔有效螺纹深度
公制	英制	(L_1)	(L)
M4	5/32"	8～12mm	15mm 以上
M5	3/16"	10～14mm	16mm 以上
M6	1/4"	12～16mm	18mm 以上
M8	5/16"	12～20mm	24mm 以上
M10	3/8"	15～20mm	30mm 以上
M12	1/2"	18～30mm	36mm 以上
M16	5/8"	24～40mm	48mm 以上
M20	3/4"	30～50mm	60mm 以上

（2）螺钉紧固方法

模具内使用的螺钉均为圆柱头内六角螺钉，如图 1-5-2 所示。

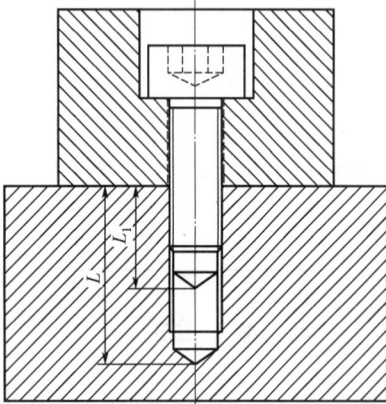

图 1-5-1　螺钉连接

图 1-5-2　模具内使用圆柱头内六角螺钉

顺时针方向紧固、逆时针方向松卸

加力杆作业方法：为确保螺钉能够紧固，一般采用加力杆加长力臂从而加大螺钉扭力，如图 1-5-3 所示。

（3）螺钉装配要求

① 螺钉过孔为圆孔时直径在螺钉大径+1mm 范围内；

图 1-5-3　加力杆作业方法

② 不能有白牙、磨损、切断、螺纹及圆柱头损坏的螺钉出现在模具里；

③ 要求装配的每一个螺钉必须用加力杆锁紧；

④ 不能有底孔过大、螺纹损坏、螺钉锁不紧的现象出现在模具里；

⑤ 相同模板上所有螺钉规格必须相同（特殊情况需提出）；

⑥ 确保螺钉在旋转的过程中顺畅无阻，孔位偏心时不能强迫锁紧；

⑦ 有效螺纹深度 L 要求是螺钉公称直径 M 的 3 倍以上，旋合长度 L_1 是螺钉公称直径 M 的 1.5～2.5 倍；

⑧ 螺纹孔内必须保持干净，不能有铁屑、废料等杂物。

（4）常见问题解决方法

1）螺钉孔偏位解决方法　当螺纹孔与过孔偏 0.5～1.5mm 时，可以加大过孔和沉头孔解决；当螺纹孔与过孔偏位过大时，优先考虑铣长圆孔，如图 1-5-4 所示，其次为加大堵孔重新攻螺纹或者移位。

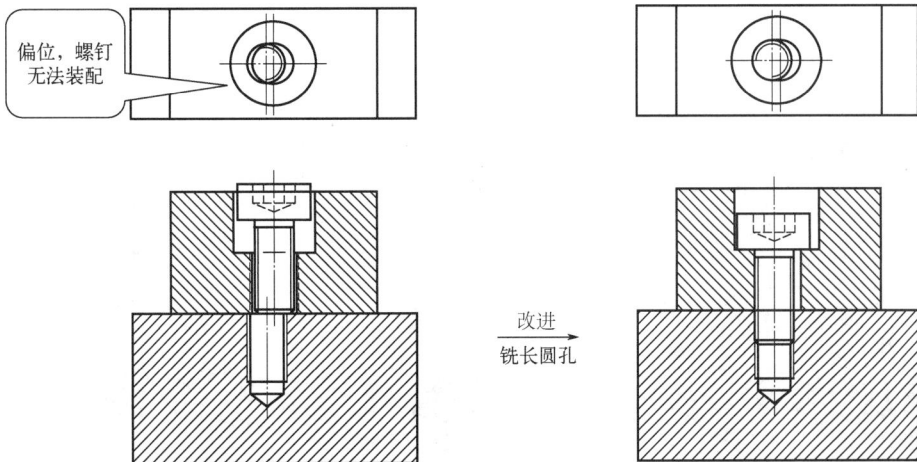

偏位，螺钉
无法装配

改进
铣长圆孔

图 1-5-4　螺钉孔偏位问题解决方法

2）螺纹孔不顺解决方法　①检查螺纹孔与模板过孔是否偏位；②检查螺钉与螺纹孔是否不垂直；③检查螺纹孔内是否有杂物未清除干净；④检查螺纹孔是否足够深，螺钉是否过长；⑤用丝攻顺内螺纹；⑥热处理板件时螺纹孔内有没有清理干净，如果有废料融化在螺纹孔中，可用丝攻顺螺纹，情况严重时可用电火花清除。

3）螺钉锁不紧解决方法　①检查底孔是否过大，深度是否足够（如图1-5-5所示是底孔过大，深度不够）；②加大堵孔重新配钻螺纹孔或者移位；③确定有效螺纹长度是否符合标准；④确定螺钉圆柱头尺寸是否异常。

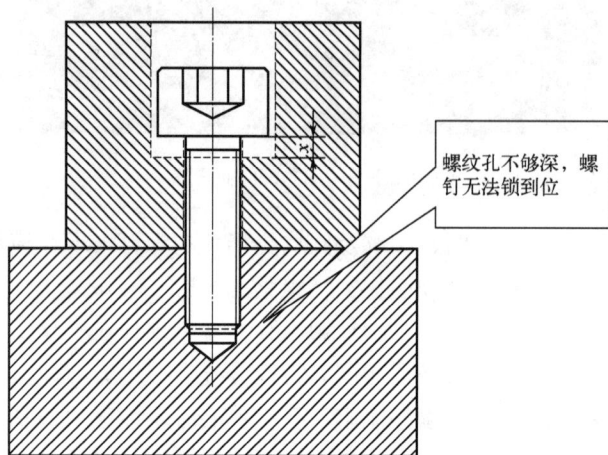

螺纹孔不够深，螺钉无法锁到位

图1-5-5　底孔过大，深度不够

4）相同板件使用的螺钉长度不一样解决方法　①调节沉头孔深度，确保螺钉旋合长度为直径的1.5～2倍；②不使用25mm、35mm、45mm……规格的螺钉。

5）螺钉锁紧、工件未压紧解决方法　①检查螺钉孔深度是否足够（如图1-5-5为底孔过大，深度不够）。②检查螺钉有效螺纹长度是否为螺纹公称直径3倍以上。

6）螺钉紧固不良及解决方法　螺钉紧固良好的标准是：①徒手可以直接将螺钉拧进其直径1.5～2倍的长度；②用六角扳手一次旋转，可将螺钉直接旋转到底部。螺钉紧固不良如图1-5-6所示，根据实际情况相应处理。

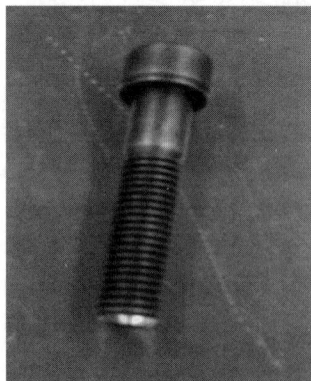

打磨过

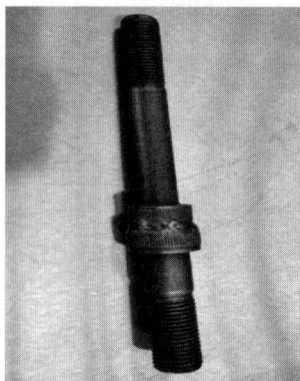

焊接

白牙

坏牙

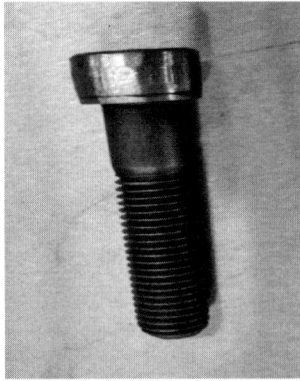
圆柱头磨小

切断

圆柱头切割

圆柱头损坏

图 1-5-6　螺钉紧固不良

　　螺钉分为 3.6 级、4.6 级、4.8 级、5.6 级、5.8 级、8.8 级、9.8 级、10.9 级、12.9 级等等级。其中 8.8 级以上为低碳合金钢或中碳钢材质并经热处理（淬火、回火），称为高强度螺钉，其余为普通螺钉。螺钉性能等级标号由两部分数字组成，分别表示螺钉材料的公称抗拉强度值和屈强比值。例如 10.9 级高强度螺钉，其材料经过热处理后能达到公称抗拉强度 1000MPa 级、屈强比 0.9、公称屈服强度 $1000 \times 0.9 = 900MPa$ 级。螺钉性能等级国际通用，相同性能等级的螺栓，不管其材料和产地的区别，其性能是相同的，设计上只按性能等级选用即可。

　　螺钉加工工艺：热轧盘条—（冷拔）—球化（软化）退火—机械除鳞—酸洗—冷拔—冷镦成形—螺纹加工—热处理—检验。

　　沉头螺钉、内六角圆柱头螺钉采用冷镦工艺生产时，钢材的原始组织会直接影响冷镦加工时的成形能力，冷镦过程中局部区域的塑性变形可达到 60%～80%，为此要求钢材必须具有良好的塑性，所以在冷镦前先进行球化（退火）处理。

　　冷镦成形工艺包括切料与成形，分为单工位单击、双击冷镦，以及多工位自动冷镦。冷镦塑性加工同切削加工相比，金属纤维（金属流线）呈连续状，中间无切断，因而提高了产品强度，特别是机械性能优良。

　　螺纹一般采用冷加工，将一定直径范围内的螺纹坯料通过搓丝板（滚模），由搓丝板（滚模）加压力使螺纹成形，可获得螺纹部分的塑性流线不被切断、强度精度高、质量均一的产品，因而被广泛采用。

1.6 内外导柱与内外导套装配

（1）导柱、导套的基本内容

导柱是在脱料板、抬料板、浮底等活动模板上的导向装置，主要起导正和导向作用，相对的精度要求比较高，其活动方向始终与装配方向一致。导柱有与之对应的导套，其配合间隙可根据装配位置和作用来确定。

（2）常用的导柱类型

① 装卸型：由模板的夹持孔导正，由压块或挡块固定；

② 肩型：由模板的夹持孔固定和导正；

③ 直杆型：由模板的夹持孔导正，挡块由螺丝固定。

（3）常用的压入型肩型导套类型

① 油润滑型，内表面没有环形油槽，工作过程中需要加注润滑脂或润滑油。

② 自润滑型，可自润滑，此类导正标准件可以不加油润滑。

③ 铜合金型，由于内表面烧结有铜合金，因此耐咬合性能优良。

④ 烧结合金型。

部分导柱、导套见图 1-6-1～图 1-6-4。

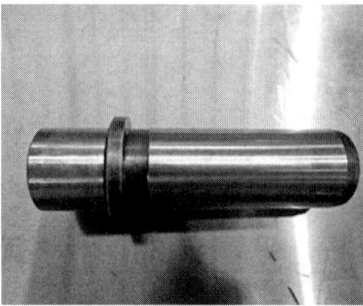

图1-6-1 光身导柱

图1-6-2 光身导柱对应的导套

图1-6-3 带保持架的导柱

图1-6-4 带保持架的导柱对应的导套

（4）导柱、导套的装配

导柱与导柱孔为过盈配合（即紧配），导套与导套孔为间隙配合（即滑配）。在装配导柱、导套前，首先应确认导柱、导套的尺寸是否正确，然后再用砂纸将导柱孔、导套孔内的毛刺跟刀纹磨掉，保持孔内干净光洁。装配导柱时，前面 5mm 左右要用手能按进去，将其导正再用直角垫块跟直角尺靠住板面跟导柱直身；在导柱与脱料板垂直的状态下，在导柱上端垫一块软料的垫块，用铜棒或铝棒轻轻地敲到位。锁紧压块时压块的高度应与导柱或导套的台阶匹配。导柱装配完成后要用高度尺检查其垂直度。

① 用量具确认导柱及导套尺寸的操作如图 1-6-5 所示。

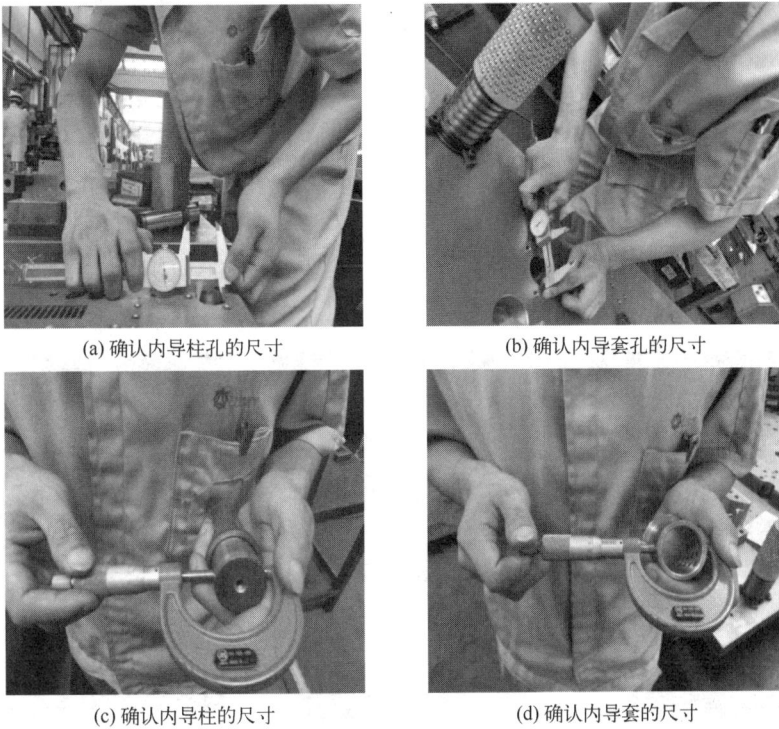

(a) 确认内导柱孔的尺寸

(b) 确认内导套孔的尺寸

(c) 确认内导柱的尺寸

(d) 确认内导套的尺寸

图 1-6-5　确认导柱及导套尺寸的操作

② 内导套的装配操作步骤如图 1-6-6 所示。

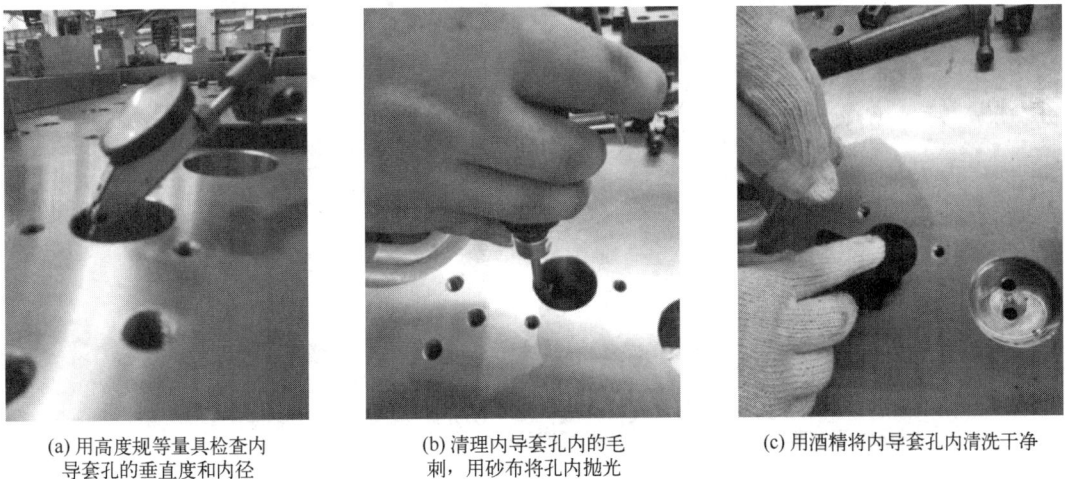

(a) 用高度规等量具检查内
导套孔的垂直度和内径

(b) 清理内导套孔内的毛
刺，用砂布将孔内抛光

(c) 用酒精将内导套孔内清洗干净

图 1-6-6

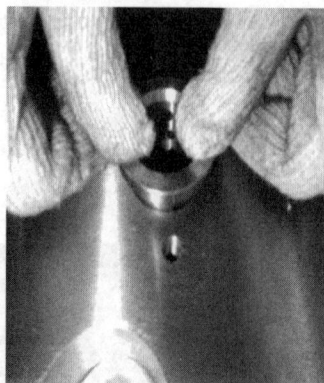

(d) 要求滑配，徒手将内导套按到底；内导套可以用手转动，但不允许晃动

(e) 装上内导套压块，锁紧螺栓可使压块的高度与内导套的肩部平齐

图 1-6-6　内导套的装配操作步骤

③ 内导柱的装配操作步骤如图 1-6-7 所示。

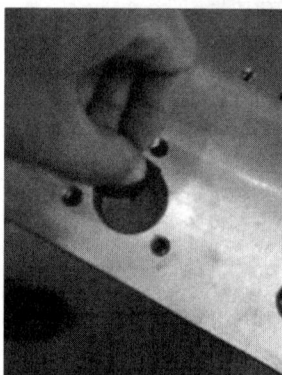

(a) 清理内导柱孔内的毛刺和杂物，检查其直径和垂直度

(b) 用手将内导柱夹持位前面的导正部分按入内导柱孔

(c) 用直角尺或直角工件等检查内导柱的压入过程是否垂直

(d) 内导柱压至肩部紧贴模板的支撑面后再锁紧压块螺柱(若带保持架，则再装好保持架即可)

(e) 用高度规确认内导柱的垂直度

图 1-6-7　内导柱的装配操作步骤

④ 外导柱、外导套的装配参照内导柱、内导套的做法即可。

（5）导柱和导套在装配过程中常遇到的问题及解决方法

① 导柱孔、导套孔加工过大，导柱、导套装上后晃动。

解决方法：换大一号的导柱、导套；重新加工导柱孔、导套孔；做镶件，在镶件上重新加工导柱孔、导套孔；紧急项目视异常数量决定是否特采对应；检测确认导柱、导套是否符合标准尺寸，将合格的标准件放入加工单元，用实物在加工过程中不断实配直到符合技术要求。

② 导柱孔、导套孔的加工精度不符合标准。

解决方法：退加工返工。

③ 用手接触感觉有毛刺。

解决方法：用锉刀进行修正。

1.7 耐磨板装配

耐磨板也叫导板，即自润滑板，是将特殊的固体润滑剂镶嵌在适当的位置制成的。它是靠金属母材支撑负载的，并因镶嵌的固体润滑剂（石墨）而具有润滑作用，即使在恶劣的条件下也显示出优良的自润滑耐久性。

（1）耐磨板的材质及用途

耐磨板的材质及用途见表1-7-1。

表1-7-1 耐磨板的材质及用途

材质	母材的硬度/HB	用途
PC250（铸铁）+石墨	<241	适用于低负载条件，高负载时容易发生咬合
铜合金+石墨	≥210	适用于高负载条件，使用普遍
特殊烧结合金	（底板的材质为SS440≥45）	适用于高负载条件，耐磨损性优异，耐冲击性稍差

（2）耐磨板的用途及特长

① 用途：适用于必须经常加润滑油的位置，往复运动或频繁启动与停止的位置，以及难以形成油膜的位置；

② 特长：可在自润滑状态下使用，不需要加油装置，可缩短装配工期，减少油品使用，耐咬合性能优良。

（3）耐磨板装配前的工具准备

红丹（Pb_3O_4）、钻头、丝锥、攻丝扳手、手电钻、油石等。

（4）配钻耐磨板螺栓孔的步骤

配钻耐磨板螺栓孔的步骤见图1-7-1。

（5）配平耐磨板与模板间的装配面

配平耐磨板与模板间的装配面见图1-7-2。

(a) 引孔
先用胶水将耐磨板固定在模板上，然后用
跟耐磨板上的过孔直径一样的钻头引孔打点

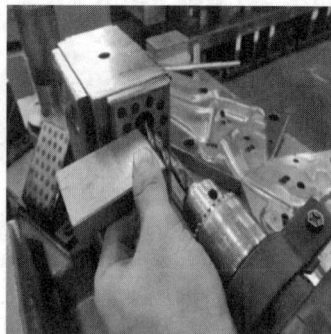

(b) 确认垂直度
用直角的铁块靠住钻头，尽量
保证使用手电钻钻孔时垂直

(c) 钻孔
钻孔过程中要加油或水，其
作用是冷却、清洗和润滑

(d) 确认孔的大小
用卡尺确认模板上的底孔是否变大

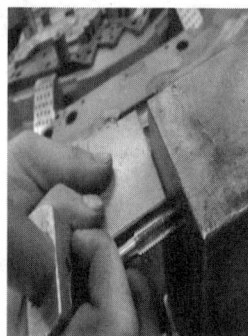

(e) 攻螺纹
用直角的镶件辅助攻螺纹，
以保证螺纹孔的垂直度

(f) 固定
先配好一个螺纹孔，
将耐磨板固定好

(g) 重复钻孔
用同样的方法将其
余的螺纹孔做出来

(h) 装配
用螺栓试装，确认孔位是
否正确、螺纹是否顺畅

图 1-7-1　配钻耐磨板螺栓孔的步骤

(a) 确认模板装配面的平面度
将耐磨板的装配面涂上红丹并与模板的装配面摩擦，从而检测模板装配面的平面度

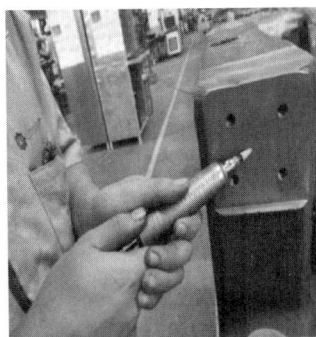

(b) 研合
如果表面不平，可以用风磨机将高出部分修平

(c) 红丹效果要求
当模板装配面的红丹贴合率达到85%即可

(d) 抛光
用油石将模板装配面上的打磨痕迹和加工刀纹抛光

(e) 装配
抛光完成后先将耐磨板和模板清理干净，然后再用螺栓将耐磨板固定好

(f) 确认垂直度
用高度尺以模座的平面为基准打表，检测垂直度

图 1-7-2　配平耐磨板与模板间的装配面

（6）配孔要求与耐磨板装配要点

配孔要求与耐磨板装配要点见表 1-7-2。

表 1-7-2　配孔要求与耐磨板装配要点

公制螺栓				装配要点
规格	螺纹底孔	底孔深度	有效螺纹深度	1. 装配过程中耐磨板表面出现任何撞击或敲打都有可能导致耐磨板变形
M6	ϕ5.2mm	23mm	18mm	2. 当凹凸模的耐磨板装配完成后，应合模检测确认耐磨板的位置与间隙，即把要配合的两块模板水平合在一起，并用塞规检测两板的间隙，以确保间隙控制在 0.01～0.05mm 之间
M8	ϕ6.8mm	29mm	24mm	3. 由于加工误差等因素，当上、下耐磨板的间隙小，合模进行不下去时，可以通过降低模板的耐磨板来调整间隙，不能直接减小耐磨板的厚度
M10	ϕ8.5mm	35mm	30mm	
M12	ϕ10.5mm	35mm	30mm	4. 当上、下耐磨板的间隙大于 0.05mm 时，可以在耐磨板与模板的装配面中间加垫片来调整间隙。做垫片时一定要保证垫片是一个整体，且应在模板上刻上垫片的厚度等信息，以免装配混乱
M16	ϕ14mm	45mm	40mm	

1.8　冲头、刀口间隙和装配

按零部件处理标准将所有零部件处理后才可开始装配，先用冲头单个配对应刀口，再将上模冲头配入夹板，然后与对应脱料板的过孔试对，检查清角有没有清到位及冲头避位是否足够。

（1）冲头、夹板装配操作步骤

首先将冲头、夹板平放在工作平面上，然后用直角工件或直角尺靠住冲头与夹板面使其没有缝隙，最后用铜棒轻轻敲平夹板面即可，如图1-8-1所示。其配合为过渡配合。

| (a) 将冲头、夹板平放在工作台面上 | (b) 用直角工件或直角尺靠住
冲头与夹板面，使其没有缝隙 | (c) 用铜棒将冲头垂直
地轻轻敲平夹板面 |

图1-8-1　冲头、夹板装配操作步骤

（2）确认冲头与夹板的垂直度

首先将装配好的冲头与夹板整体放在大理石平台上，然后用高度规确认垂直，并确保高100mm的工件，垂直度最大公差在±0.02mm以内，如图1-8-2所示。

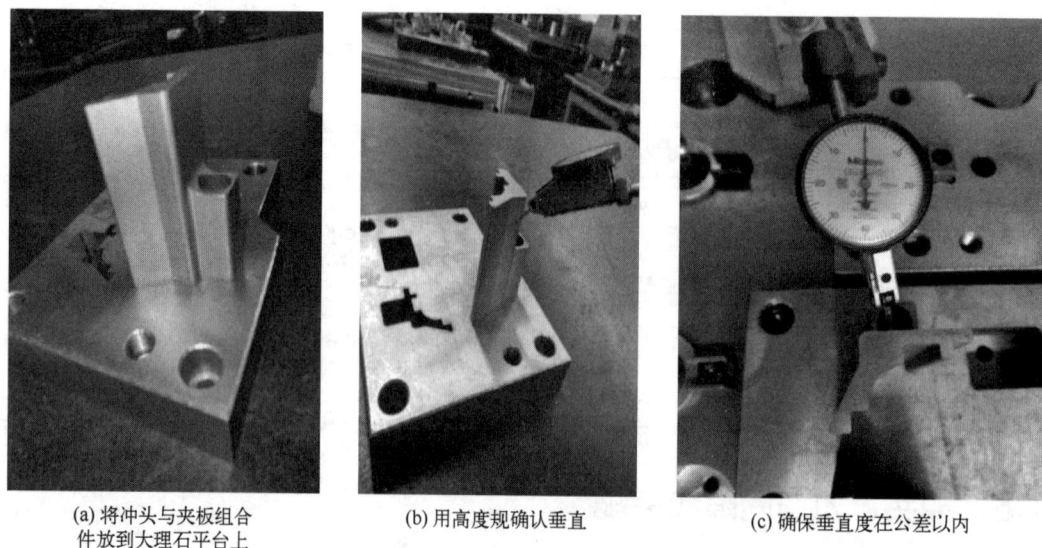

| (a) 将冲头与夹板组合
件放到大理石平台上 | (b) 用高度规确认垂直 | (c) 确保垂直度在公差以内 |

图1-8-2　确认冲头与夹板的垂直度

（3）冲头与夹板不垂直的原因及解决方法

冲头与夹板不垂直的原因及解决方法见表1-8-1。

表1-8-1　冲头与夹板不垂直的原因及解决方法

不垂直现象	原因分析	解决方法
夹板型腔与夹板平面不垂直	夹板的加工工艺是否正确，线切割时垂直度是否达到要求	新制夹板或冲头
夹板与冲头的配合间隙松动	其本身的数据和图纸中的间隙是否合理	新制夹板或冲头

　　冲头、夹板与凹模单独实配操作步骤见图1-8-3。将冲头与夹板整体放在工作台面上，把凹模套进冲头里面，在夹板与凹模间按品字形放三件等高的平衡块，高度比高出夹板的一段冲头低5mm左右，按照设计的理论间隙数据用间隙片测试是否正确。

(a) 找三件低于冲头约5mm的等高块

(b) 将等高块平行垫在夹板与凹模中间

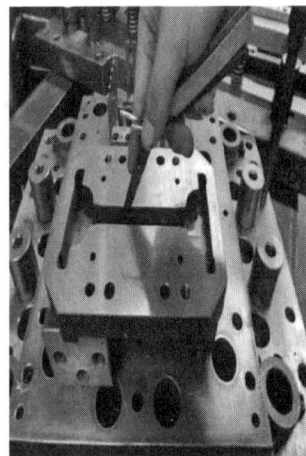
(c) 用间隙片或红丹确认冲头与凹模的间隙

图1-8-3　冲头、夹板与凹模单独实配操作步骤

　　冲头与凹模都是拼块，应先按图纸要求进行拼装，再进行单独实配。无论是拼块，还是单独的冲头与凹模，只有单独配合间隙正确后才可以装入模具。

　　将上模冲头夹板在上模座上装好后，再将脱料板盖上去、放平内限位，用塞尺确认冲头与脱料板的间隙。具体操作步骤如图1-8-4～图1-8-6所示。

图1-8-4　上模实配操作

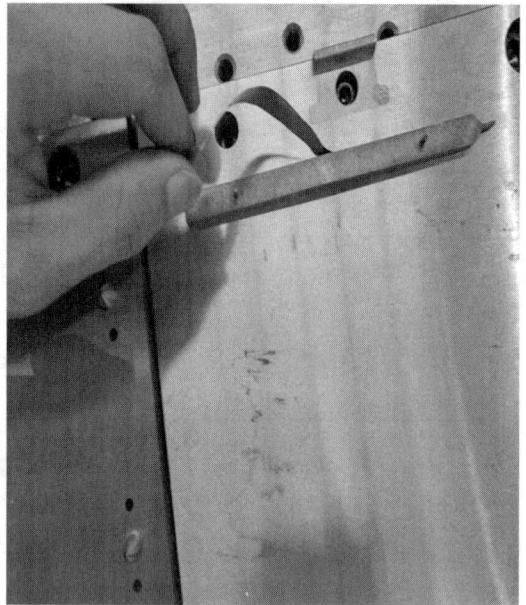

图1-8-5　确认脱料板与冲头的间隙

图1-8-6　下模实配操作

1.9　镶件装配及拆卸

（1）镶件处理

加工过程中因刀具磨损，通常都不会清角，所以现场需进行倒角处理。倒角有利于零部件装配。

（2）镶件尺寸确认

镶件尺寸确认见图 1-9-1～图 1-9-3。

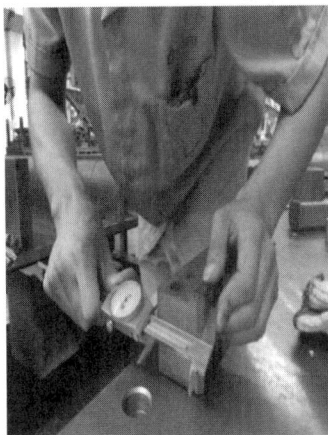

图 1-9-1　镶件外形尺寸的
确认

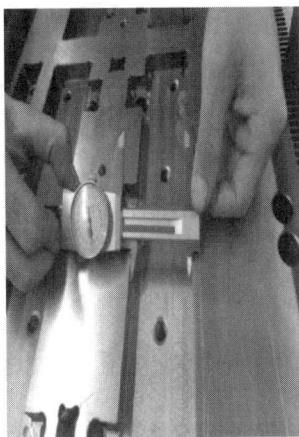

图 1-9-2　镶件槽尺寸的
确认

图 1-9-3　镶件槽深度的
确认

（3）镶件试配

镶件试配见图 1-9-4。

（4）借助直角工件或直角尺装配镶件

借助直角工件或直角尺装配镶件见图 1-9-5。

图 1-9-4　镶件试配

图 1-9-5　借助直角工件或直角尺装配镶件

（5）确认装配尺寸

镶件装配完成后应对照图纸确认装配尺寸，如图 1-9-6 所示。

（6）组合镶件装配

组合镶件装配见图 1-9-7。装配组合镶件时，需等所有镶件装配完成后才能进行紧固。

图 1-9-6 对照图纸确认装配尺寸

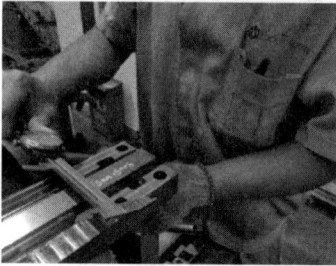

(a) 对尺寸进行确认

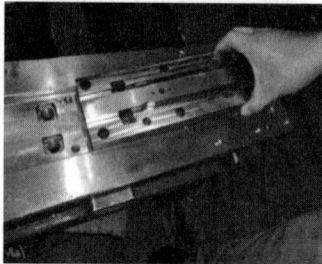

(b) 镶件试配

(c) 镶件装配

图 1-9-7 组合镶件装配

（7）镶件拆卸标准

一般采用拔销器进行拆卸。使用拔销器时要求有效拔销头至少 5mm。

① 标准做法：独立拔销头见图 1-9-8，要求 $L=10\sim15mm$，$L_1>5mm$。

② 特殊做法：过孔内拔销头见图 1-9-9。

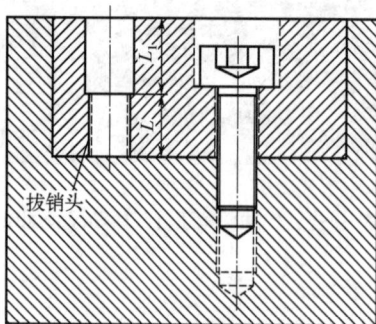

拔销头

图 1-9-8 独立拔销头

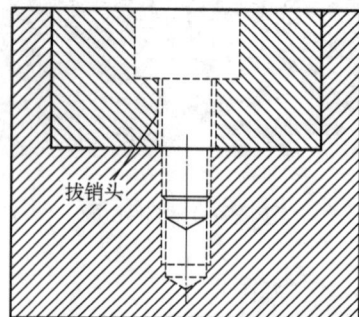

拔销头

图 1-9-9 过孔内拔销头

③ 错误做法：错误做法见图 1-9-10，无沉头拆卸镶件时易损坏镶件，硬料拔销头一定要加沉头，且至少 5mm 深；螺纹孔过深不易拆卸。

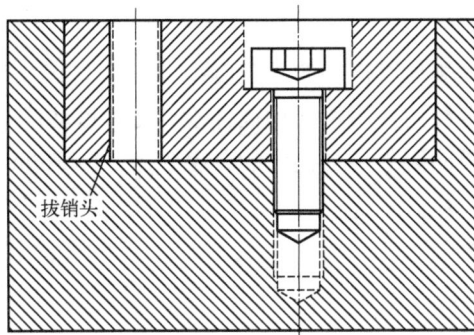

图 1-9-10　错误做法

（8）拆卸较大镶件的拔销器操作

拆卸较大镶件的拔销器操作见图 1-9-11。

图 1-9-11　拆卸较大镶件的拔销器操作

（9）常见问题及解决方法

常见问题及解决方法见表 1-9-1。

表 1-9-1　常见问题及解决方法

常见问题描述	解决方法
型腔太紧	① 检查倒角处是否有擦伤或顶死，加大镶件倒角或跟刀型腔倒角 ② 检查镶件、型腔的尺寸，不合格则返工 ③ 检查型腔是否干净，线切割型腔、镶件若有接刀痕迹需进行清理 ④ 检查是否严格按照作业标准作业，装配时镶件是否垂直。若装配时镶件是斜的，则会发现型腔的单边有铲坏的痕迹，当型腔小时则四周都有痕迹
镶件装配高度与设计不符	① 检查镶件和型腔的尺寸，不合格则退返工 ② 检查型腔内部是否有杂物、底部是否平整，有无清角；对型腔进行清理，清除加工痕迹，对型腔清角或加大镶件的倒角
型腔太松	① 受力的镶件必须与型腔紧配，太松时先检查镶件与型腔的尺寸。若型腔大，则出图加大跟刀新做镶件；若镶件小，则重新做镶件 ② 判断型腔定位深度是否足够，若不够加深型腔、新做镶件，受力镶件应保证至少镶进去 15mm

（10）镶件自检方法

① 镶件装好后用高度规检查镶件的垂直度；

② 镶件装好未锁紧螺栓前，用手摇动镶件检查是否松动；

③ 检查镶件是否与模面配平，与模面的公差应为±0.03mm。

1.10 组合件装配

（1）组合件的确认

① 外观确认：所有拼接面均不能有倒角、塌角、台阶等不良现象，工作背面倒角、拼接面必须加工精准。所有工件加工后的刀纹均不可太粗糙，要求表面光滑、无毛刺、干净，同一工序拼块的加工基准必须统一。模具的型面不能单独抛光，必须将全部拼块装配完成后再整体进行抛光，以免拼接面产生塌角。

② 外形尺寸确认：组合件外形的所有尺寸都必须精确，可用高度规或千分尺确认；重要尺寸跟型面要有合格的检测报告。

③ 垂直度确认：将组合件放在水平的大理石台面上，用高度规确认每个组合件的垂直度。

（2）定位方式

装配拼块的板件定位方式一般分为三类：型腔定位、键定位、销钉定位。

① 型腔定位：所有板件必须平行。型腔外形要求加工精准，公差保证在+0.01～+0.02mm 以内；底部要求清角，刀纹不能太粗糙，深度保证在±0.02mm 以内。确认型腔的垂直度，并将型腔内清理干净。

② 键定位：定位键的配合间隙要合理，装配完后应垂直。

③ 销钉定位：销钉孔应加工精准，不能过松或过紧。

（3）拼块的装配

① 装配前，可以将所有拼块放在平台上靠住一个平整的直线边，然后自由状态下拼在一起，确认整体效果。

② 靠型腔定位的拼块装配前要准备红丹、油石、风磨机等。先将拼块与型腔接触的所有面涂上红丹，然后紧贴型腔来回摩擦几下，看贴合面的红丹贴合率（最少要在 95%以上）；达不到时可以用风磨机飞掉高出的部分，直至红丹贴合率在 95%以上。靠型腔定位的拼块装配前的准备工作见图 1-10-1。

③ 拼块靠销钉定位装配时，销钉敲进去应顺畅。如果第一块拼块装好后，旁边的一块拼块销钉偏位（确认每一个拼块单独装配时销钉位置正确），说明拼块的两个接触面顶到了，建议待装配对模调好间隙后整体加工销钉孔。

④ 将拼块装好后锁紧螺栓，并用塞规检查两个零件的所有贴面是否有间隙，用直尺靠在平面上确认表面是否平整，最后进行整体抛光。用塞规检查零件的所有贴面间隙见图 1-10-2。

(a) 拼块涂上红丹　　　　　　　(b) 确认红丹贴合效果　　　　　(c) 用风磨机飞掉高出的部分

图 1-10-1　靠型腔定位的拼块装配前的准备工作

(a) 用塞规检测背面是否有间隙　　(b) 用塞规检测中间是否有间隙　　(c) 用塞规检测底面是否有间隙

图 1-10-2　用塞规检查零件的所有贴面间隙

⑤ 装配过程中若出现拼块与拼块间拼接不顺、台阶、中间顶到或有间隙、不垂直等现象，不可用风磨机直接打磨拼块接触面，应确认数据找到真正的原因，具体如图 1-10-3 所示。

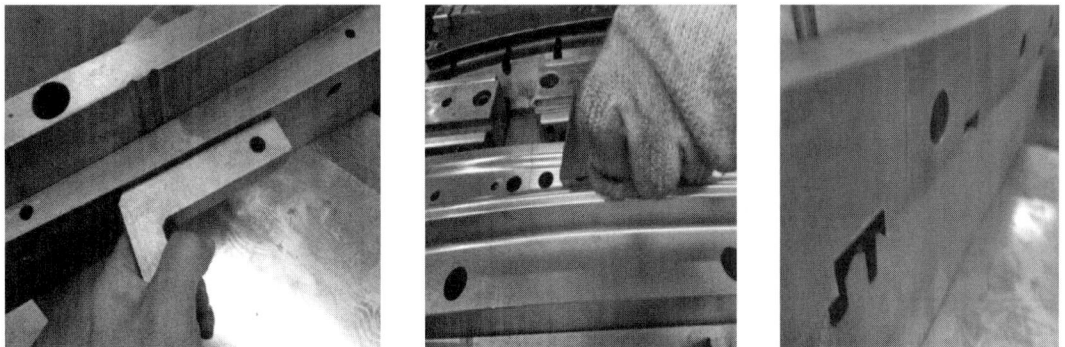

(a) 用直尺确认平面度　　　　　　(b) 拼块装配完成后整体抛光　　(c) 拼接不齐不能直接打磨接触面

图 1-10-3　装配过程处理拼接问题

⑥ 装配常见问题、原因分析及解决方法见表 1-10-1。

表 1-10-1　装配常见问题、原因分析及解决方法

问题描述	原因分析	解决方法
拼接不齐	拼块的高度、宽度不一致	以理论数据为基准，垫片或降面
	拼块变形或底部不平	报废新做工件或重新打直角、降面
	型腔深度不正确	按理论数据垫片或降面
	加工基准不统一或基准错误	以工作面拼接为基准，垫片或降面
拼块中间顶到或有间隙	拼块的长度不正确	按理论数据做到数，返工或报废
	定位孔或型腔边的位置不对	以工作面拼接为基准，销钉移位或侧面垫片

1.11　引导针装配

（1）引导针的定义及其在模具内的作用

引导针也叫导正销，其主要作用是在模具内导正料带或产品。引导针的材质为 SKD11，硬度在 60～62HRC 之间。引导针本身的精度在 0.01mm 以内，大多数安装在上模。在模具工作过程中，引导针最先将料带或工序板导正，所以引导针在模具内的装配位置一定要准确。图 1-11-1 是引导针在模具内的操作。

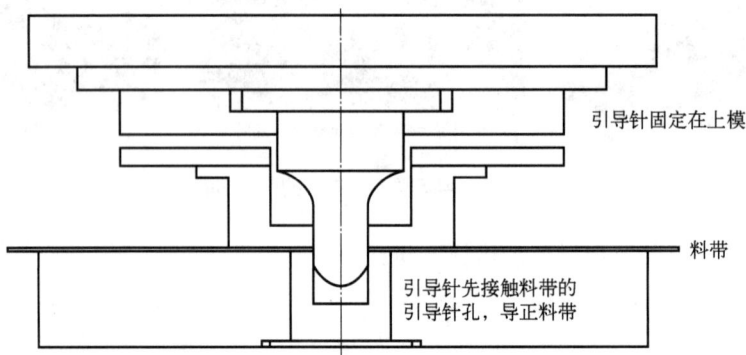

引导针固定在上模

料带

引导针先接触料带的
引导针孔，导正料带

图 1-11-1　引导针在模具内的操作

（2）引导针的种类

前端倒圆型、前端锐角型、前端锥型，见图 1-11-2。可根据模具结构和客户要求合理选用。

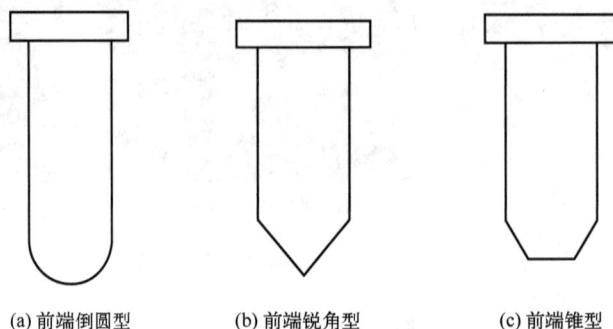

(a) 前端倒圆型　　　(b) 前端锐角型　　　(c) 前端锥型

图 1-11-2　引导针的种类

（3）引导针的脱料方式及组成结构

引导针靠它边上安装的顶针（或柱塞）脱料。顶针安装在引导针的两边，作用于料带。一个引导针边上需要两个或两个以上的顶针。

（4）引导针与顶针、模板的装配基本数据及装配要求

① 一套模具上同一功能的引导针直径和高度必须一样。

② 引导针装配后高出模面的直身高度应是产品材料厚度的 1～1.5 倍。

③ 引导针与脱料板过孔应为过渡配合；引导针边上的顶针高出模面的高度应比引导针直身位高 0.5～1.0mm（客户有要求或材料较厚等时除外）；引导针的头部与直身相接触有倒角过渡。引导针与顶针、模板的装配见图 1-11-3。

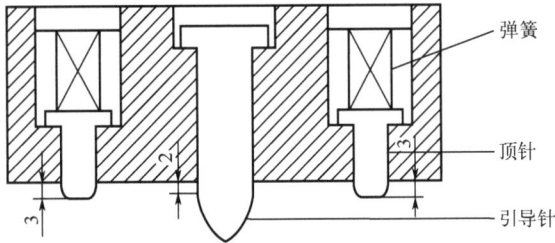

图 1-11-3　引导针与顶针、模板的装配

④ 一套模具内同一功能的引导针装配高度必须一致，所用的顶针也必须一致。引导针装配操作的技术要求见图 1-11-4。

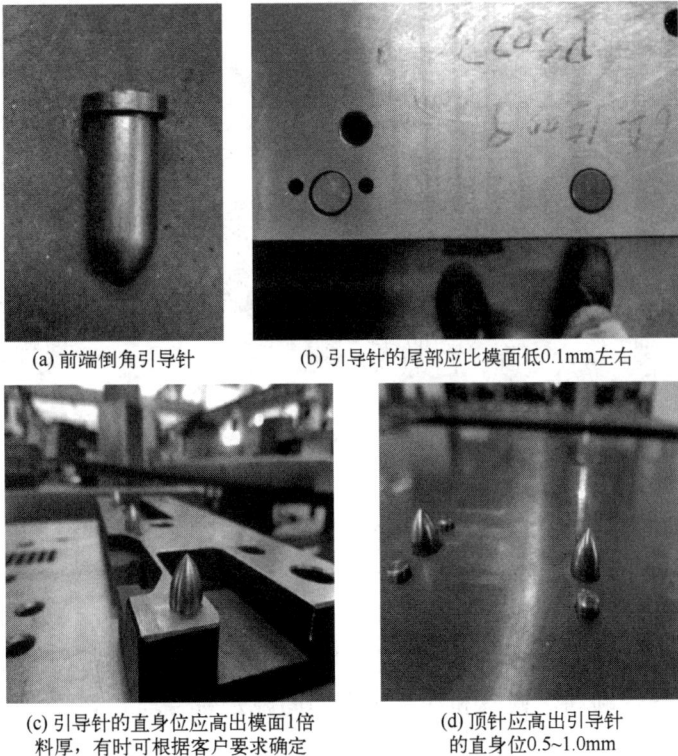

(a) 前端倒角引导针

(b) 引导针的尾部应比模面低0.1mm左右

(c) 引导针的直身位应高出模面1倍
料厚，有时可根据客户要求确定

(d) 顶针应高出引导针
的直身位0.5～1.0mm

图 1-11-4　引导针装配操作的技术要求

1.12　脱料板装配及起吊

（1）装配前工作

按照零部件清理标准对脱料板进行检查后再开始组装。

（2）引导针装配

按引导针装配标准安装引导针。

（3）引导针装配要求

引导针边上的顶针头部要倒角，装配后活动应顺畅。一般使用黄色弹簧且压缩量应足够，同一层的顶针和弹簧的直径、长度与颜色必须一样，顶针顶出的高度应高出引导针直身位0.5～1.0mm。脱料板上的引导针与顶针装配见图1-1-3。

（4）镶件装配

按照镶件装配标准进行装配。脱料板上所有镶件的装配都是滑配，且镶件上必须要有拔销头。螺栓锁紧后镶件面与脱料板面应平齐。若镶件装配出现问题，则按镶件装配常见问题及解决办法进行处理。所有脱料板上的销钉都要加防掉紧定螺钉。镶件固定螺栓的有效螺纹深度应是其直径的1.5～2倍。镶件装配见图1-12-1。

(a) 镶件与型腔滑配，徒手可以取出　　(b) 固定螺栓的有效螺纹深度为其直径的1.5~2倍　　(c) 脱料板上的所有销钉都要做防掉处理

图1-12-1　镶件装配

（5）脱料板装配

脱料板上的镶件全部装配完成后再将其整体装入上模。在内导柱上均匀打上一层润滑油，用行车钩住四个吊环把脱料板平衡地放上去，在脱料板上垫一块表面平整的软料小垫块，用合适大小的铁棒平衡地敲垫块，同时行车缓缓地下行，按照合模标准进行合模，使脱料板底部顺畅、无干涉地贴紧内限位柱。敲到底后需检查避位是否足够，高度是否正确，拼接是否顺利，模具和冲头过孔的间隙是否合理。如图1-12-2～图1-12-4所示。

图 1-12-2　整体装入上润滑

装脱料板前先将导柱刷上润滑油

图 1-12-3　脱料板装配

脱料板敲下时要顺畅

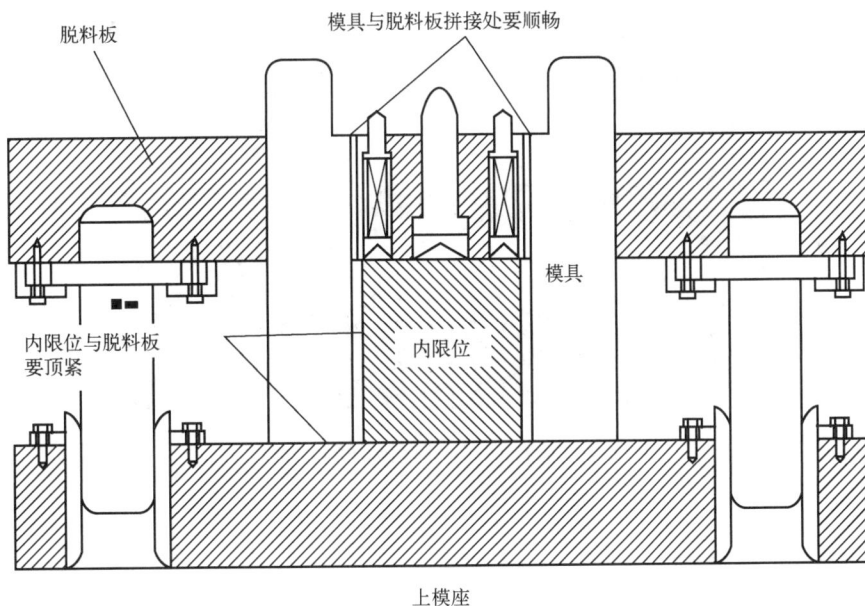

脱料板

模具与脱料板拼接处要顺畅

模具

内限位与脱料板
要顶紧

内限位

上模座

图 1-12-4　脱料板确认避位拼接

脱料板敲平内限位，确认避位是否足够，拼接要顺畅

（6）脱料板起吊

脱料板从模具内吊出来时要平稳，以免倾斜损坏导柱、导套或其他零部件。脱料板起吊时倾斜会使导柱、导套受力变形或冲头折断等，见图 1-12-5。脱料板吊起时四个吊环应保持平衡，见图 1-12-6。

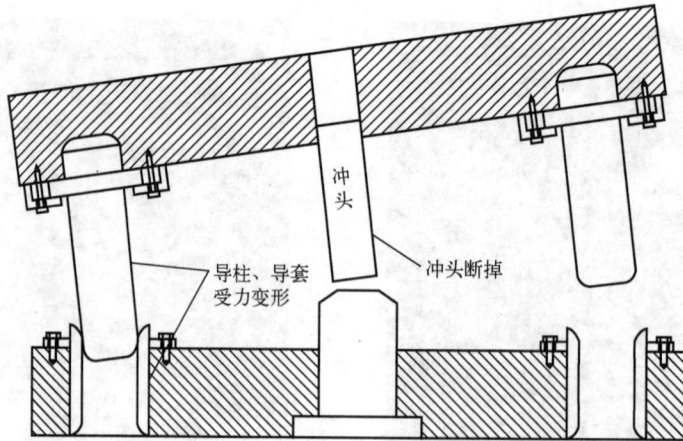

图 1-12-5　脱料板起吊时倾斜

图 1-12-6　脱料板吊起

1.13　导向块装配

（1）导向块的作用

① 导正模具中的料带，送料时防止料带左右摆动；

② 起挂料作用，模具运行时上模开启，防止料带随上模一起带料；

③ 在有些情况下还可以作为对顶块。

（2）常用导向块的类别及装配标准

常用导向块的类别及装配标准见表 1-13-1。

表 1-13-1　常用导向块的类别及装配标准

图片	名称、材质、硬度	装配标准
	可调型导向块 材质：CR8 硬度：50～53HRC	1. 靠销钉或定位键定位和螺栓固定，模具的垂直方向可调 2. 导向块的尺寸与图档一样，两头有 15° 的进料斜度和退料斜度，装配前应进行退磁处理，并且其外形应按照标准倒角 3. 导向块上要有拔销头 4. 导向块上定位销的长圆孔或定位键应滑配，即拆掉螺栓可徒手将导向块取出 5. 模具内形状与大小不一样的导向块要防止装反 6. 导向块前后调到极限时上模避位要足够
	固定型导向块 材质：CR8 硬度：50～53HRC	1. 使用销钉定位和螺栓固定 2. 导向块的尺寸与图档一样，两头有 15° 的进料斜度和退料斜度，装配前应按照零部件处理标准进行处理 3. 导向块上要有拔销头 4. 导向块上的定位销钉孔滑配，即拆掉螺栓可徒手将导向块取出 5. 模具内形状与大小不一样的导向、活动导尺与固定导向块要防止装反

（3）导向块与导板的组成结构及配数

导向块与导板的组成结构及配数见表 1-13-2。

表 1-13-2　导向块与导板的组成结构及配数

导向块与导板的组成结构	装配方法	配数
模架固定型 	①导向块固定在下模板上或通过垫板直接固定在模座上，模具运行时应保证上模避位足够 ②装配时注意浮料块浮起来的高度与导向块的高度应和图档一致	 A—材料宽度+材料宽度的正公差+可调量 B—材料厚度+料带的顶出量+设计正常公差（视实际情况而定） C—B 的厚度+ 5mm
模板固定型 	①导向块固定在抬料板上，在模具运行时随抬料板一起上、下活动，应确保没有干涉 ②导向块在抬料板上除了其本身的作用外，有时还会充当对顶块。这时应特别注意导向块的高度一定精准，不可以拆掉导尺试模	 A—材料宽度+材料宽度的正公差+可调量 B—材料厚度+设计正常公差（视实际情况而定） C—B 的厚度+5mm

1.14 抬料板装配

（1）抬料板要求

抬料板的材质一般选用 P20、718 或 45 钢。其厚度应设计合理，强度应足够；表面不能有生锈、粗糙、变形等现象；避位型腔孔和外形要倒角均匀；所有销钉孔不可铰穿，若铰穿需锁止付螺栓，以防止模具运行过程中销钉掉下打坏模具。抬料板装配见图 1-14-1。

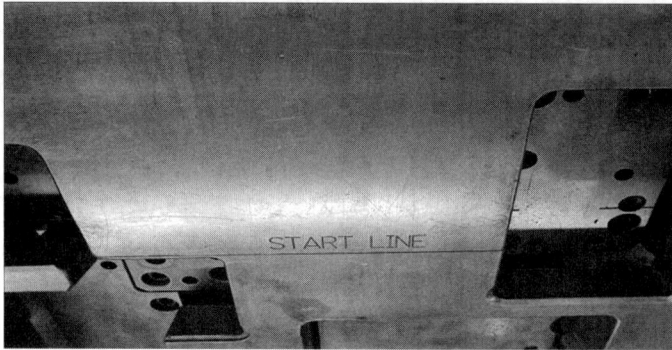

图 1-14-1　抬料板装配

（2）抬料板装配说明

① 送料导板：用厚度 3～5mm 的试模材料制作，一边固定，一边可调，外形倒角，并倒出进料斜度和退料斜度；

② 活动导尺：销钉孔或键槽要滑配（即松掉螺栓后可徒手调动和取出），不能弧形摆动，所有导尺其本身要防止装反，外形、大小不一样的导尺要防止装错，设计进料斜度和退料斜度；

③ 起吊牙：至少 4 个，螺纹孔大小依抬料板大小而定，不能小于 M14，位置排布要对称，起吊环不能有干涉；

④ 送料起始线：有英文"START LINE"（起始线）标示，宽度为 2mm，深度为 1mm左右；

⑤ 对顶块：一般在氮气对顶上方 5mm 范围内，且位置排布要对称；

⑥ 止动螺栓过孔：其直径比螺纹外径大 1mm，并应垂直，沉头深度应统一；

⑦ 引导针过孔：要钻穿，孔径比引导针直径大 0.5～1.0mm，正面不倒角，用锉刀修去毛刺即可，反面倒角；

⑧ 固定导尺、销钉装配标准：销钉与导尺滑配，销钉与抬料板紧配，固定螺栓的螺纹孔要顺畅；

⑨ 进料斜度：进料方向 15°左右的进料斜度；

⑩ 型腔：避位要足够，内角要有圆角过渡，加工不能太粗糙，正反面全周倒角；

⑪ 导向杆孔：抬料板与导向杆间隙滑配，导向杆的大小及数量根据抬料板的大小确

定，导向杆装配要垂直，压块要匹配，螺栓孔要顺畅；

⑫ 镶件型腔：靠型腔定位的镶件为滑配，所有抬料板的销钉孔和螺栓孔均不能有偏孔、多孔或少孔现象。

（3）抬料板的固定方式

抬料板的固定方式在没有客户特别要求的情况下，一般分为止动螺栓固定和 D 型导向杆的压块固定两种。其他的如用标准件直接固定等方式，则可根据客户的要求进行选用。

（4）抬料板装配

所有配件按要求装配完成后，将整体装入下模。装配前要在内导柱、导套上打上润滑油，然后把抬料板放上去并使其保持平衡，用铜棒或胶锤往下敲。将抬料板整体装入下模时应检查的内容如下：

① 抬料板敲下去时要顺畅；

② 将抬料板敲平下模面，检查型腔与下模板是否有干涉；

③ 检查导尺的位置是否正确；

④ 检查送料起始线的位置是否正确，起始线应在冲导正孔后面；

⑤ 将止动螺栓全部装上，检查螺纹孔是否顺畅、垂直，过孔有无干涉；

⑥ 导柱要有透气孔或槽，且避位应足够；

⑦ 抬料板若需打死，其厚度一定要精准。

（5）合模

装好下模后，将上模整体盖上去，确认脱料板与抬料板的闭合状态，检查内容如下：

① 引导针孔是否偏位；

② 对顶块位置排布是否合理；

③ 止动螺栓与固定导尺的避位是否足够；

④ 活动导尺调到极限后上模避位是否足够；

⑤ 侧刃误检的避位是否足够。

（6）抬料板起吊

将抬料板从模具内吊出来时要保证平衡，以免损坏导柱。拆装抬料板的注意事项如下：

① 抬料板活动要顺畅，上下活动时不能与其他零件干涉；

② 抬料板的结构设计应拆装方便；

③ 氮气弹簧不能有预压；

④ 起吊抬料板时要用四个吊钩，以保持平衡。

1.15 球锁装配

（1）球锁紧凸模、凹模构造

球锁座又称装入固定块。球锁座的钢球经弹簧作用设置在凸模和凹模的凹孔中，对凸模和凹模进行固定；拆卸时，仅通过按压钢球就可以取出凸模或凹模而不必拆卸球锁座。球锁紧凸模、凹模构造见图 1-15-1。

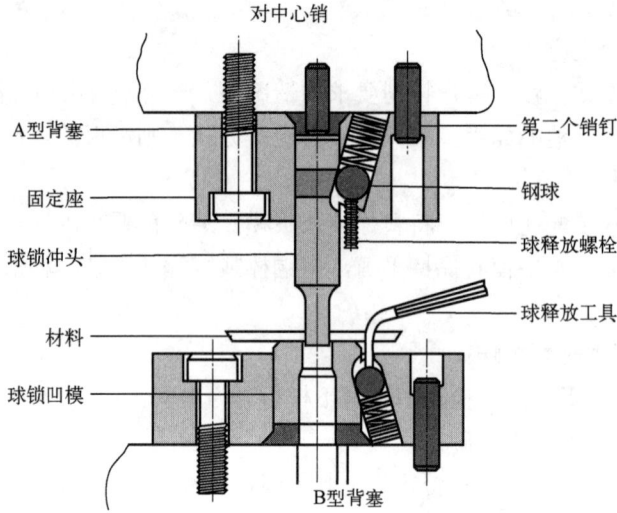

图 1-15-1　球锁紧凸模、凹模构造

（2）球锁的选择

球锁分为轻载型和重载型两种。试模材料厚度在 3.0mm 以下，一般选择轻载型球锁；试模材料厚度在 3.0mm 以上，一般选择重载型球锁。冲头和凹模靠球锁固定见图 1-15-2，冲头和凹模固定座用销钉定位固定见图 1-15-3。

图 1-15-2　冲头和凹模靠球锁固定

有的冲头或凹模的刀口形状不同，但杆部直径相同，所以冲头或凹模不能靠杆部的直径防反

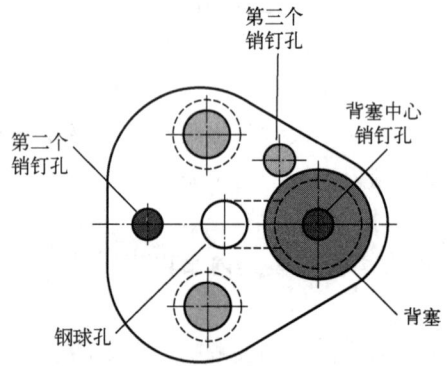

图 1-15-3　冲头和凹模固定座用销钉定位固定

固定座是以销钉而不是外形来定位，销钉孔与冲头孔间距的公差应在 ±0.01mm 以内，确保每个固定座均可完全互换

（3）安装球锁冲头的方法

具体如图 1-15-4～图 1-15-6 所示。

（4）拆取球锁冲头的方法

具体如图 1-15-7、图 1-15-8 所示。

图1-15-4 模具上固定座的安装固定

将固定座安装固定在模具上，将冲头球锁的位置与
固定座钢球的位置错开90°

图1-15-5 垂直装入冲头

在与前述错开90°的位置垂直
装入冲头，并将冲头按到底

图1-15-6 冲头安装到位

装入冲头并将冲头按到底，再用力将冲头往固定座钢球
方向旋转，当听到"咔"的一声，则表示冲头已安装到位

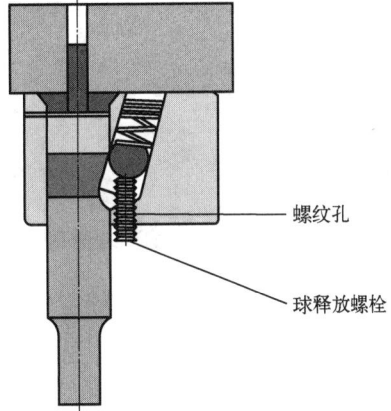

螺纹孔

球释放螺栓

图1-15-7 用球释放螺栓拆取冲头

每个固定座均配有球释放螺栓1个，只需将球释放螺栓从螺
栓孔中拧进去，使钢球脱离冲头水滴位置，冲头即可取出

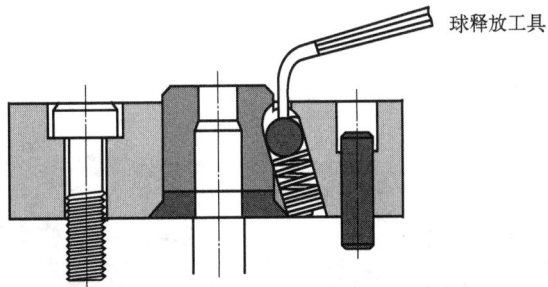

球释放工具

图1-15-8 用球释放工具拆取冲头

工具前端大小与螺栓孔相仿，且端面是平面，不能有毛刺，
要有一定的硬度，沿着螺栓孔的方向将钢球顶进去后即可取出冲头；
注意不要让工具卡在钢球与孔之间，这样无法取出冲头

1.16 侧冲装配

（1）侧冲滑块标准
① 滑块回位必须用氮气弹簧（客户有特别要求时按客户标准）；
② 铲机先接触靠刀，再接触滑块，靠刀的直身位应至少高出滑块 10mm；
③ 滑块要防止装反，宽度超过 150mm 的中间要加滑动导轨；
④ 滑块的宽度和高度要求最小 1：1。
侧冲滑块标准构造见图 1-16-1。

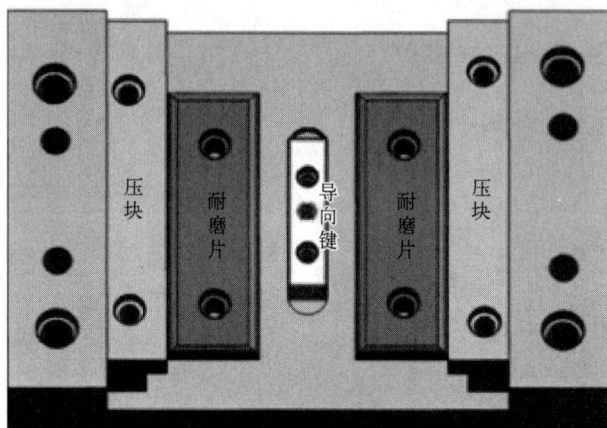

图 1-16-1　侧冲滑块标准构造（1）

（2）滑块配件装配标准
① 装配前确认滑块、压块、导轨、槽的外形尺寸与垂直度，每个工件及标准件都在设计公差范围内，滑配的配合间隙控制在 0.02mm 以内，才能保证精度。
② 压块的外形尺寸按图纸要求加工准确，与滑块活动部分接触的边应倒角避位，不能与滑块干涉，装配应垂直，螺栓孔不能偏。图 1-16-2 是侧冲滑块标准构造，外形不一样的要防止装错，材质非标准铜加石墨，要加油槽。

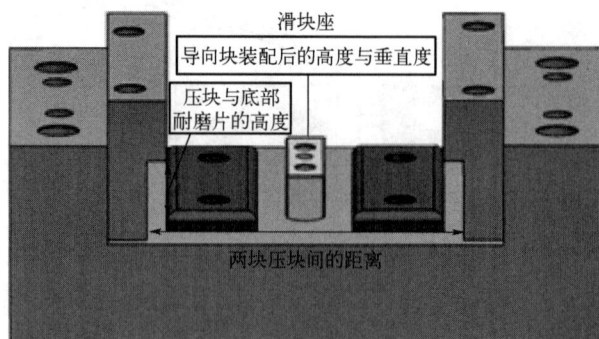

图 1-16-2　侧冲滑块标准构造（2）

③ 滑块座的加工精度要求在图纸公差范围内，型腔加工要清角，加工表面要平整。滑块座的加工精度构造见图 1-16-3。

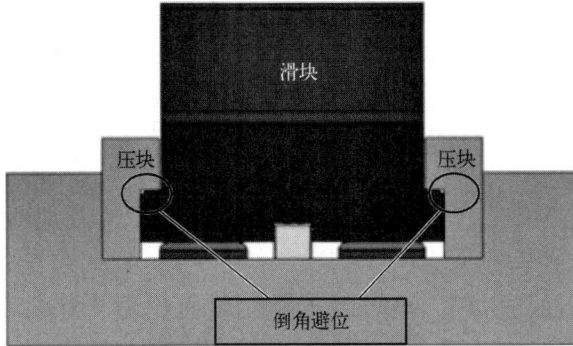

图 1-16-3　滑块座的加工精度构造

④ 耐磨片的厚度要准确，平面不能变形，装配后的高度与设计数据要一致。其装配高度直接定位滑块整体上下的高度。

⑤ 导向键的宽度要准确，装配后的高度不能大于滑块键槽的高度；其装配要垂直，要有拔销头和油槽设计；导向键与滑块要滑配，位置要精确。导向键的位置直接定位滑块的左右位置。

⑥ 底部耐磨片面到压块边的垂直距离直接影响滑块整体上下的跳动间隙，太松或太紧都会影响滑块运行。

⑦ 两边压块装配后，相对的两侧面就是固定滑块整体左右的位置。滑块与导轨的配合间隙要求非常精确，相关的数据要求准确，装配时要确保每一个数据的准确性，才能保证滑块的整体精度。滑块座与两边压块的装配构造见图 1-16-4。

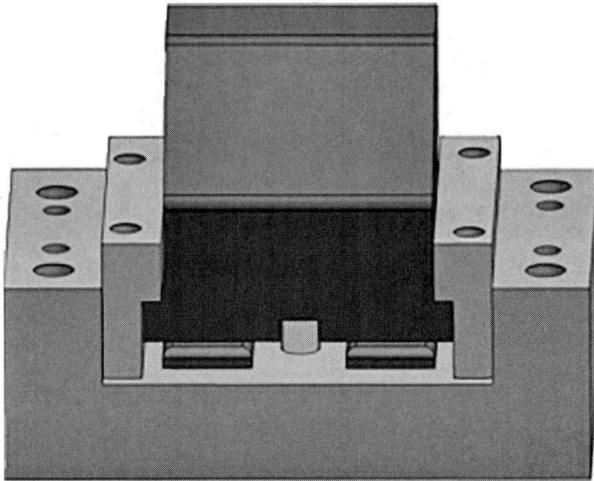

图 1-16-4　滑块座与两边压块的装配构造

⑧ 滑块本身的加工精度要求很高，自身跟其他滑块件都要防止装反，要有回位钩、拔销头等设计，斜度要合理，圆角过渡，且表面顺滑，与压块接触的活动边应倒角避位，

滑块与压块接触不能有尖角干涉。

⑨ 氮气弹簧、对顶块等配件的装配要垂直，间隙滑配，不能与其他工件干涉。氮气弹簧不能有预压。

（3）滑块的配合间隙

滑块本身及相关零件的加工精度要求很高，因制造加工会有累计误差等原因，精度有可能达不到要求，所以制造加工后还需要实配。实配过程中如果有不匹配等情况，应先找到问题原因，根据实际解决问题，不能盲目地磨和垫，更不能私自更改标准件的尺寸及外形。

① 滑块座型腔定位

a. 清理型腔加工面，把底部的耐磨片与导向键装好，并在滑块底部的接触面上涂上红丹，紧贴住底面与凹模合模；要求凸、凹模间隙合理，滑块底部与耐磨片完全接触，滑块导向键槽与导向键滑配，活动顺畅。

b. 把两边的压块装配上去。装配时压块与滑块座型腔侧壁和滑块的间隙应在 0.01～0.02mm 之间，装配要垂直，压块螺栓锁紧后要求活动顺畅，滑块与底部的耐磨片和压块应滑配，不能摆动。

② 压块加销钉定位：压块加销钉定位构造见图 1-16-5。

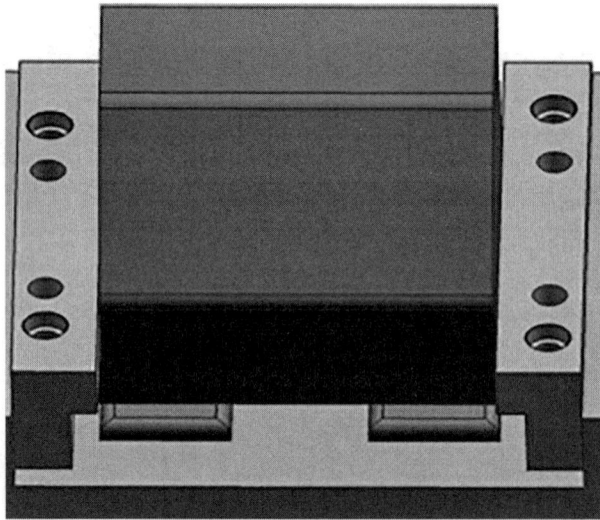

图 1-16-5　压块加销钉定位构造

a. 把底部的耐磨片装好，将滑块放上去，并用销钉固定好一边的压块，然后将滑块与凹模对模；要求滑块紧贴底部的耐磨片，靠销钉固定的压块与模的间隙正确，活动顺畅。

b. 对模正确后，将另外一边的压块装上去，并敲入销钉；锁紧螺栓后要求活动顺畅，对模间隙正确。

③ 滑块左右两侧加定位键定位：滑块左右两侧加定位键定位构造见图 1-16-6。

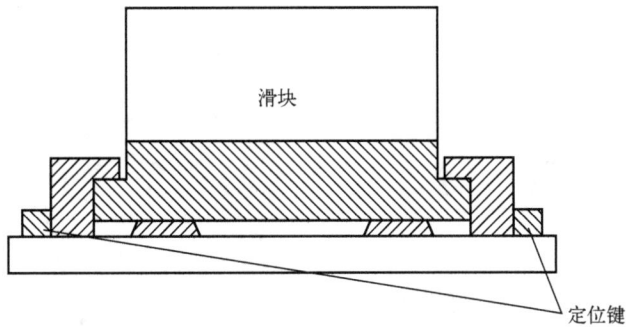

图 1-16-6　滑块左右两侧加定位键定位构造

a．装配时应注意定位键的装配间隙与垂直度。按上面的方法装好耐磨片及滑块、两侧的定位键后，再将一边的压块紧贴定位键固定好。

b．对模间隙正确后，再装配另外一边的压块。间隙合理的情况下，锁紧螺栓后应活动顺畅。

（4）自检

滑块装配完成后，将两边压块的螺栓锁紧，检查滑块运行是否顺畅，间隙是否合理，上下左右能否摆动。

（5）滑块装配常见问题及解决方法

滑块装配常见问题及解决方法见表 1-16-1。

表 1-16-1　滑块装配常见问题及解决方法

常见问题描述	解决方法	注意事项
滑块过紧	① 检查耐磨块装配面的红丹贴合率是否合格 ② 检查滑块座的导轨位置加工的表面粗糙度是否合格 ③ 检查相关数据都正确后，只剩下工件之间的配合误差时，可适当地修滑块座的导轨位置	装配滑块时要保证凸、凹模间隙正确，滑块与导轨的配合间隙应运行顺畅
滑块过松	视滑块结构而定，加垫片或将销钉和滑块键加大、移位	

1.17　管位装配

（1）管位的作用

管位用来保证产品在模具上有一个准确的位置，防止产品在生产过程中移动。在单冲模具中，管位除了对产品进行定位以外，管位的分布与产品的尺寸也紧密联系，管位定位的精确性直接影响产品的稳定性。

（2）管位的分类

① 方形管位：材质为 P20 或 45 钢，工作表面淬火处理。方形管位最常用，它由方形管位杆和固定座组成。方形管位杆见图 1-17-1。

② 圆形管位：常用普通钢制作，也可用 P20 或 45 钢制作。图 1-17-2 是管位固定座。

图 1-17-1　方形管位杆

图 1-17-2　管位固定座

用软料制作，要求前后可调，螺栓过
孔要做成长圆孔，后面做销钉定位孔

③ 切边站用的管位：由方形管位改制而成，根据模具的实际结构废料孔做避位。图 1-17-3 是外管位整件外形。

（3）管位的安装要求

具体如图 1-17-4～图 1-17-7 所示。

图 1-17-3　外管位整件外形

先用螺栓将管位杆与座子固定好，
再将上面部分的结合处焊接起来，
注意垂直度和焊接品质

图 1-17-4　管位座前后活动设计

管位座只能前后活动，设计时可在管位装配位
置设计一个槽或在座上并排两个螺栓进行导正。
当管位杆是方形时不建议采用螺栓来导正的方式

图 1-17-5　保证槽与座的配合间隙

座靠槽导正，在装配时要保证槽与座的配合间隙，单边间隙应保证在 0.1mm 以内，不能太紧；
靠两个螺栓的导正应注意，将两个螺栓松开后，管位向两边的摆动量不得超过 5mm，
确保所有管位调到极限时合模没有干涉

图 1-17-6　管位的布局

一个工序板至少要有 6 个或更多个管位进行定位

图 1-17-7　管位的调节与定位

经调试产品合格稳定后，应调节管位与产品边的间隙使其保持
在 0.5~1.0mm，调节好管位后再做管位座与模板的定位销钉

1.18 误检系统装配

（1）误检系统的类别

常用的误检有侧刃误检系统、尾部误检系统。

① 侧刃误检系统：侧刃误检系统构造见图 1-18-1。

a. 侧刃误检杆的高度一般高出料带 10mm 左右。模具运行时无论料带是自由状态还是闭合状态，其上、下都不能高出或低出误检杆的范围。

b. 侧刃误检杆与座滑配，回位弹簧一般使用铁线弹簧或黄色弹簧，定位要准确，送料时要顺畅。

误检开关：在装配误检开关时，要注意将螺栓锁紧（图 1-18-2），避免模具运行时行程开关移位而检测不到。

图 1-18-1 侧刃误检系统构造

图 1-18-2 误检开关需将螺栓锁紧

c. 误检座与模座间要用销钉来定位。

② 尾部误检系统：具体如图 1-18-3～图 1-18-7 所示。

图 1-18-3 误检座与模座间用销钉定位
确保误检系统整体定位的准确性及防止其摆动

图 1-18-4　误检开关调节方向要有键槽或
两个螺栓长圆孔导向

图 1-18-5　合模状态下误检系统的可调杆
调整要确保避位

合模状态下，当模具内所有误检系统的可调杆
调到极限时，应确保避位足够

图 1-18-6　误检杆回位弹簧的
调整要活动顺畅

误检杆回位弹簧的力不能太大，一般
情况下使用铁线弹簧且应活动顺畅

图 1-18-7　料带尾部与误检杆接触面
应尽量在误检范围内

料带尾部与误检杆接触面应尽量在中间；接触面尽
可能做大点，以防料带上翘或低头超出误检范围

（2）检测引导针孔的误检

① 当材料送料的步骤不正确时，固定在上夹板上的误检杆会向上运动（在误检杆的下方安装有一传动杆，它们之间以不到半圆的圆弧连接），从而促使传动杆推动行程开关，进而触发冲床的停机。检测引导针孔的误检系统见图 1-18-8。

② 装配时要注意误检杆的回位弹簧（黄色弹簧或铁线弹簧）应活动顺畅，头部半圆处于传动杆接触位置活动时要顺滑，行程开关与传动杆接触面在正中间，装配好后用手按

压误检针，可以很明显地看到微动开关的探头活动，且回位灵敏。误检杆的回位弹簧活动见图 1-18-9。

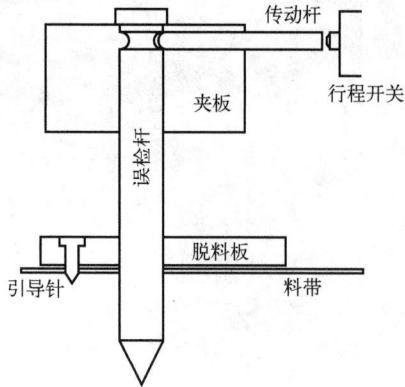

图 1-18-8　检测引导针孔的误检装置

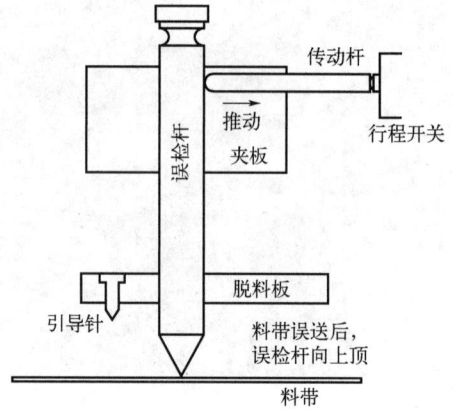

图 1-18-9　误检杆的回位弹簧活动

1.19　字印装配

（1）字印座和字印的结构

具体如图 1-19-1～图 1-19-3 所示。

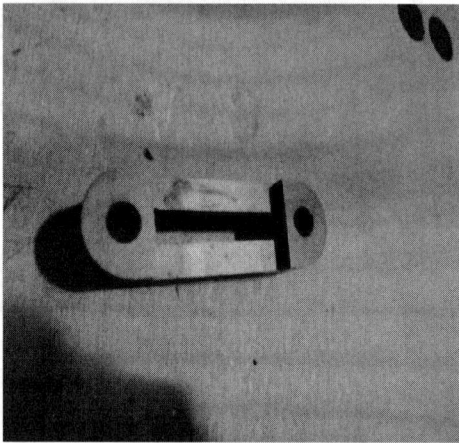

图 1-19-1　字印座

字印座的挂台避位深度一般比字
印的挂台避位深度深 0.2mm 左右

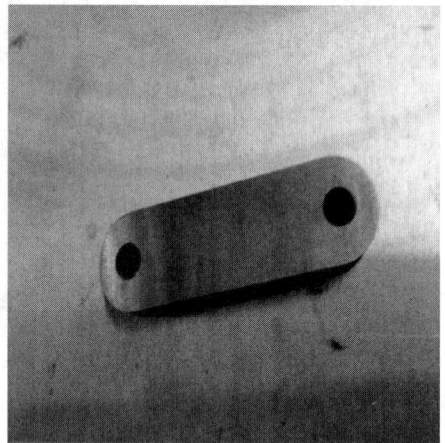

图 1-19-2　字印座垫板

字印座下面的硬料垫板，硬度为 50～53HRC

（2）字印装配

具体如图 1-19-4～图 1-19-6 所示。

（3）字印的固定与快拆

具体如图 1-19-7、图 1-19-8 所示。

图1-19-3　字印

同一套模具的字印要求外形尺寸必须统一

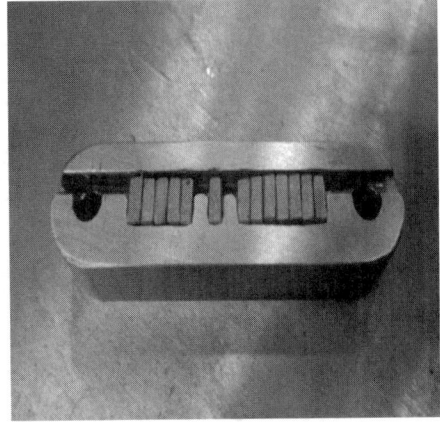

图1-19-4　字印座与字印的配合

字印与字印座应松配，以方便拆装

图1-19-5　字印座底部应低于座面

字印座底部可以低于座面

0.2mm左右，但绝对不能高出来

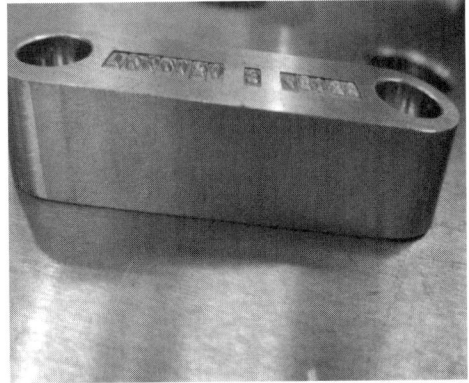

图1-19-6　字印装配要求

字印装配好后只能字码凸出

来，字码的平面不能高出来

图1-19-7　字印整体装在模板上

将字印整体装在模板上，一般字印的最高点在打

死状态下高出模面0.4mm左右，装配时要注意防反

图1-19-8　字印整体快拆

为了快速更换字印，在不拆模具的

情况下字印座也可以直接拆出

（4）字印整体配数

由于装配时配数有一定的误差，可能配好的高度达不到最佳效果，因此可以根据试模打出来的样品的实际字印深度来调节，如图1-19-9、图1-19-10所示。

图1-19-9　字印打出来太深的调节

字印打出来太深，只能通过降低字印座下面的垫板来调节，注意不可降低字印本身的高度

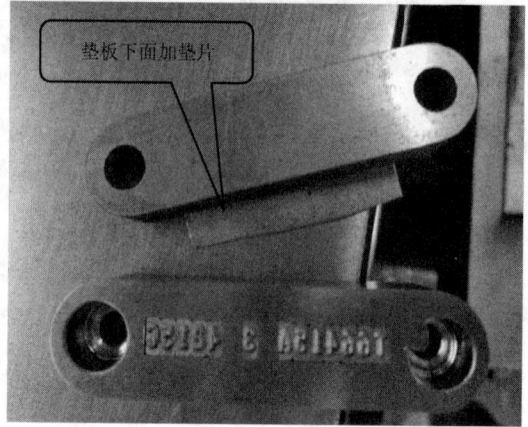

图1-19-10　字印打出来太浅的调节

字印太浅可以通过添加垫片来调节，垫片的材质需为不锈钢。注意垫片要垫在字印座的下面，不可直接垫在字印下面

（5）字印的防反

同一套模具的左右键字印要防止印反。

1.20　氮气弹簧装配及使用

模具内所有的氮气弹簧都必须固定，行程应严格按照氮气弹簧的型号参数来设计。

（1）氮气弹簧的介绍

图1-20-1　氮气弹簧总成产品结构

氮气弹簧总成产品是一种新型的弹性功能部件，是常规螺旋弹簧的升级换代产品。将氮气密封在确定的容器中，外力通过活塞杆将氮气压缩，当外力去除时可通过高压氮气膨胀来获得一定的弹压力，这种部件称为氮气缸或气体弹簧，简称氮气弹簧。氮气弹簧总成产品的结构见图1-20-1。

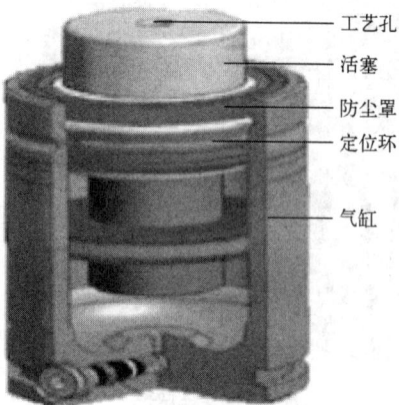

（2）模板上氮气孔内的氮气弹簧装配步骤及装配标准

具体如图1-20-2、图1-20-3所示。

（3）氮气弹簧使用的注意事项

① 最大充气压力不可高于额定压力，一般为150bar（1bar=10^5Pa）以下；

(a) 氮气孔的半径比氮
气弹簧的半径大1.0mm

(b) 氮气孔垂直，底部干
净、平整(下模加漏油孔)

图1-20-2　氮气孔的直径、垂直结构

(a) 螺栓的有效螺纹
长度在6mm左右

(b) 螺栓固定后，氮气
弹簧与模板面应垂直

图1-20-3　氮气孔的螺栓固定结构

② 柱塞表面应避免有脏污、刮痕；

③ 氮气缸要保持与接触面垂直的工作状态；

④ 模具不要偏差；

⑤ 定期检查螺栓的紧固状态；

⑥ 氮气缸表面不应有液体；

⑦ 充入的工作气体必须是氮气（N_2）；

⑧ 氮气弹簧的活塞在润滑的状态下使用，可延长使用寿命；

⑨ 工作状态的氮气弹簧必须用螺栓固定；

⑩ 固定安装时垂直度要保持在 0.15° 以内；

⑪ 正常使用时温度应在 80℃ 以内；

⑫ 氮气弹簧的缸体活塞等禁止拆卸，安装使用时不可用外力锤击。

（4）氮气弹簧使用不正确会导致的后果

氮气弹簧使用不正确会导致的后果见表 1-20-1。

表 1-20-1 氮气弹簧使用不正确会导致的后果

不正确的使用	可能出现的现象	导致的后果
氮气弹簧倾斜或侧面横向受力	氮气弹簧偏心或负载	氮气弹簧漏气
氮气弹簧孔的底部不平或不干净	氮气弹簧偏心受力	氮气弹簧漏气
氮气弹簧没有用螺栓固定	氮气弹簧偏心受力	氮气弹簧漏气
一块脱料板上前后的氮气弹簧力不平衡	脱料板倾斜导致氮气弹簧偏心	氮气弹簧漏气
脱料板没有导向导正	脱料板上下活动不垂直导致氮气弹簧偏心	氮气弹簧漏气
活塞面未完全接触	氮气弹簧偏心、偏载	氮气弹簧漏气
切断或加工活塞杆	氮气活塞杆变形损坏	氮气弹簧漏气
用活塞前端的工艺螺栓孔固定氮气弹簧	氮气弹簧偏心、撞坏	氮气弹簧漏气
用香蕉水等腐蚀性液体清洗密封圈	密封圈腐蚀变形损坏	氮气弹簧漏气或报废
打磨或加工氮气的缸体	氮气缸体变形、气体溢出或气缸爆炸	氮气弹簧报废
氮气的行程超过极限	氮气气体溢出，活塞不回位	氮气弹簧报废
活塞杆上有铁屑或砂尘	氮气工作时铁屑或砂尘损坏密封圈或活塞杆	氮气弹簧报废

1.21　产品和废料漏斗装配

① 按照设计图纸外发加工制作漏斗。

② 在漏斗落料面上焊接一层与其大小一样的波纹板，焊接点不能太高，但一定要焊结实。

③ 废料落料处不可打铆钉，焊接最好在底部进行。

④ 落料处的出口一定要比里面宽，以方便废料顺利落下。

⑤ 废料漏斗的两边一定要贴紧模座，以防止废料卡在缝隙内，见图 1-21-1。

⑥ 废料落下时被挡或产品为左、右件，可做分流处理，如图 1-21-2 所示。

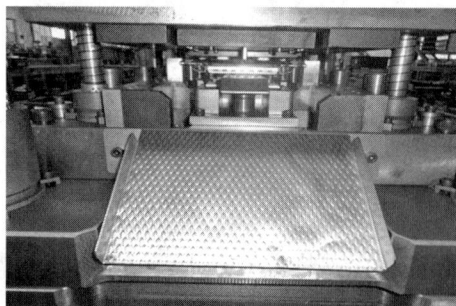

图 1-21-1　废料漏斗贴紧模座的结构

图 1-21-2　分流处理结构

⑦ 漏斗的宽度一定要大于产品对角的最大尺寸，以防止产品卡在漏斗上。漏斗宽度的最大尺寸见图 1-21-3。

⑧ 为了产品或废料的滑落能更加顺畅，安装好的漏斗角度一般要大于 25°，如图 1-21-4 所示。

图 1-21-3　漏斗宽度的最大尺寸

图 1-21-4　漏斗角度

备注：
① 漏斗的材料厚度要在 2mm 以上；
② 产品漏斗和废料漏斗的落料面不允许喷油漆，否则影响产品和废料的掉落；
③ 焊接的漏斗尽可能使用 SPCC 材料，这样在焊接时才不会爆裂，焊接效果更好；
④ 漏斗折弯必须用折弯机，且应保证折弯边平直不弯曲。

1.22　吊模块的使用和分布

（1）概要

吊模块应根据客户要求或模具的种类、大小及用途合理选用。为了保证安全性，一般按照吊模块最大负载量的一半进行选用，即 500kg 的模具需选用负载量为 1000kg 的吊模块。

（2）吊模块的种类

如吊环螺栓、吊模块、吊模杆、吊钩螺栓、板型吊钩、铸入型螺栓、铸入型吊钩、T型吊钩螺栓、仿制吊模块等。

表 1-22-1 是吊模块的种类和使用方法及注意事项。

表 1-22-1　吊模块的种类和使用方法及注意事项

图片	名称及材质	使用方法及注意事项
	吊环螺栓 材质：SS400	① 模板的侧面或正面做通孔，用手拧紧使吊环的支撑面紧贴模板面 ② 起吊时要同时使用两个吊环，并应保证两个吊环螺栓的取向相同（即需同在正面或侧面） ③ 同时使用两个吊环时，不可用一根吊绳贯穿两个吊环起吊

图片	名称及材质	使用方法及注意事项
	吊模块	① 模板正面或反面加工出螺纹孔 ② 应选用精度分类为 JIS B 1176 或 JIS B 1180、强度分类为 12.9 级或 10.9 级的螺栓 ③ 安装使用的螺栓的有效螺纹长度应大于或等于其直径的 2～2.5 倍 ④ 按照客户要求，螺栓加弹簧垫圈、吊钩与模板焊接及加销钉等
	吊模杆 材质：S45C	① 吊模杆的直径和长度应与吊模块匹配 ② 装入吊模杆时，将头部的自动挡块向下、向前推进直到挡块弹出卡住即可 ③ 取出时时用手将挡块推平杆面后同时拔出
	板型吊钩 材质：SS440	① 模板正面或反面加工出螺纹孔 ② 应选用精度分类为 JIS B 1176 或 JIS B 1180、强度分类为 12.9 级或 10.9 级的螺栓 ③ 安装使用的螺栓的有效螺纹长度应大于或等于其直径的 2～2.5 倍 ④ 按照客户要求，螺栓加弹簧垫圈、吊钩与模板焊接等
	仿制吊模块 材质：45 钢	① 使用于客户没有特别要求的所有模具 ② 可以根据模具的大小和重量合理选择 ③ 用螺栓紧固即可

（3）吊模块的排布位置要求

吊模块的排布位置见图 1-22-1。

图 1-22-1　吊模块的排布位置

吊模块的排布位置要求如下：

① 尽量排布在模板的四个角；

② 吊模块的排布应保证模板或模具起吊时的平衡；

③ 有外导柱的模座，吊模块应尽量排布在两头外导柱以内，以免模具起吊或翻模时吊绳挂到外导柱。

1.23 现场合模

确认模具避位、间隙等是否合理，以使模具能顺利合模。

（1）单个冲头与刀口间隙

单个冲头对下模刀口，确认是否放冲裁间隙，放得是否正确，单边间隙一般是料厚的8%。间隙视材料的材质、按设计要求来定。单个冲头与刀口间隙结构见图1-23-1。

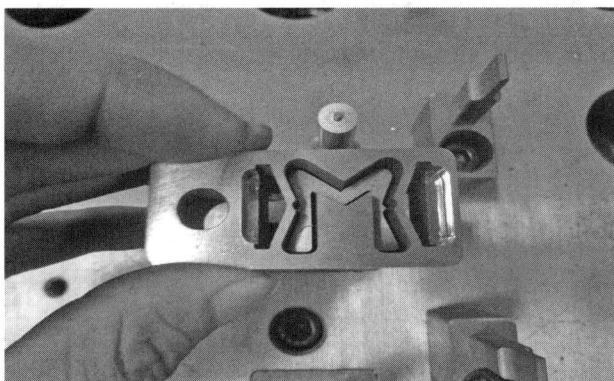

图1-23-1　单个冲头与刀口间隙结构

（2）脱料板对上夹板冲头间隙

上模冲头全部装进上夹板后，将上夹板固定在上模座上，然后在不安装弹簧或氮气弹簧的情况下用脱料板对冲头，并用塞尺检查脱料板过孔与冲头间隙配合是否正确。脱料板对上夹板冲头间隙结构见图1-23-2。

图1-23-2　脱料板对上夹板冲头间隙结构

（3）对刀口间隙

上模脱料板不装，且所有冲头均匀打好红丹，用行车平衡吊起后对下模。行车要缓缓下行，同时应用手电筒查看各部分避位及冲头进入情况。在模具对不下去时应检查避位是否足够或刀口与冲头是否偏位，不能强行砸下去，否则会使冲头和刀口损坏。对刀口间隙操作见图1-23-3。

图1-23-3　对刀口间隙操作

模具闭合后，吊开上模查看冲头及刀口的红丹刮擦情况，确认其间隙是否合理、冲头或刀口是否偏位，如图1-23-4所示。

图1-23-4　确认间隙、冲头或刀口

（4）装完所有工件对模

模具装配好后，在上模脱料板和下模抬料板都不安装任何弹簧或氮气弹簧的情况下合模，通过观察上、下限位柱贴合状况来检查下模抬料板上的导尺、误检系统等零件是否与脱料板干涉，成形间隙是否合理，以及各自的内限位合模情况。整套模具，除上、下脱料板内的弹性元件不装以外，其他所有零件全部装上，用上模来对下模进行合模，通过观察上、下限位柱的贴合状况，了解整套模具的上、下模是否可以正常合模。具体如图1-23-5～图1-23-8所示。

图1-23-5　在下模成形面上放铅条

图1-23-6　上合模机压铅条

用大铁锤敲上模或下模使内外限
位闭合，可以上合模机压铅条

图1-23-7　外限位处于闭合状态

图1-23-8　检测铅条成形后的厚度

吊开上模后查看铅条，检测铅条成形
后扁位厚度，分析成形间隙是否正确

（5）合模常见问题及解决方法

合模常见问题及解决方法见表1-23-1。

表1-23-1　合模常见问题及解决方法

合模常见问题	解决方法
铅条间隙不均匀	确认三次元检测型面是否正确，若不正确 CNC 返工精铣或加垫片、烧焊后精铣；键槽或销钉孔位置有误，加大键槽或销钉孔，重新做定位键
红丹间隙不均匀	查电子图档，确认冲头和下模刀口异常部位的尺寸是否正确，不正视情况返工或烧焊返工或报废重新制作；查图确认上、下模刀口尺寸无误的情况下，应以刀口直边找数重新加大上、下销钉孔或键槽；刀口间隙偏位时，不用销钉重新对模，对好模后，重新加大销钉孔
未清角干涉	视具体干涉程度而定，如果干涉较少，用风磨机修掉即可，如果干涉较多，则需加工部门按图档选用合适的刀具或加工设备返工，将清角的位置线切割加工到数；设计避位不够，设计部门重新出图将未清角干涉的位置改好后由加工部门返工追加清角

1.24 改模

（1）图纸确认

收到改模图纸后，先认真地检查图纸是否与改模内容一致，是否有漏改、错改等。

① 对照检讨记录审核图纸，检查是否有漏改、错改、结构不合理等现象。

② 检查图纸是全部下发还是分批下发，是否存在漏出图等。若有新做的和加工周期较长的零件，要提前做好安排。

③ 检查每个工件的加工工艺是否合理。

（2）拆模

确认图纸合格后开始拆模，具体如图1-24-1～图1-24-7所示。

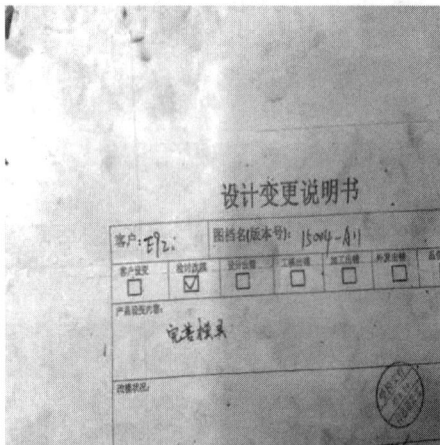

(a) 对照图档

(b) 刀口、冲头等易损工件拆卸时需格外小心

图1-24-1　对照图档将改模工件拆除

(a) 拆除的标准件要按要求摆放整齐

(b) 拆除的螺栓、销钉按装配区域单独摆放，并用保鲜膜包好，以便下次装配

图1-24-2　拆除的标准件及其螺栓摆放

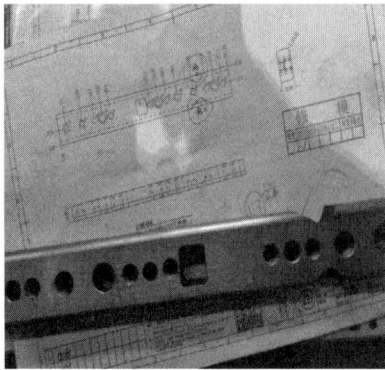

(a) 工件拆完后，确认好拆除工件，再次
对照图纸检查工件是否有漏拆、错拆

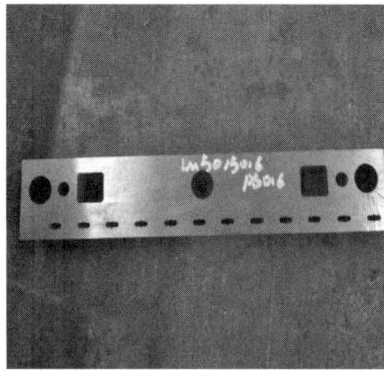

(b) 对照图纸确认无误后，用白色油漆笔在工件
侧面整齐地标注上模具编号、工件编号等信息

图 1-24-3　工件拆除后的检查确认

图 1-24-4　模板加工的条件

需要加工的模板应考虑到加工条件，一般在加工位置周围
300mm 以内的工件都要拆掉，特别是外导柱等很高的工件

图 1-24-5　模座加工前准备工作

将模座送加工前，需将易损件和氮气弹簧等拆掉，
避免加工或翻面时损坏或丢失

图 1-24-6　脱料板和抬料板加工前准备工作

为避免模板搬运或翻面时将
导柱撞变形，将脱料板和抬
料板送加工前需将导柱拆掉

图 1-24-7　需改的工件整理、确认或加工

将需改的工件整理地放在一起后与生产管理部门
交接，让其确认工件与图纸一致后签字，并保存好改
模图纸，以便后续确认改模工件是否到齐或加工到位

第**2**章

品质控制

2.1 红丹贴合率

检验模具产品的红丹贴合率是因为生产过程中稳定贴合面越大产品就越稳定。

（1）拉伸站

试模时通过对拉伸站上、下模的研磨，使其在模具闭合状态下压边圈、压料面红丹贴合率达到85%以上，红丹要均匀分布，如图2-1-1、图2-1-2所示。

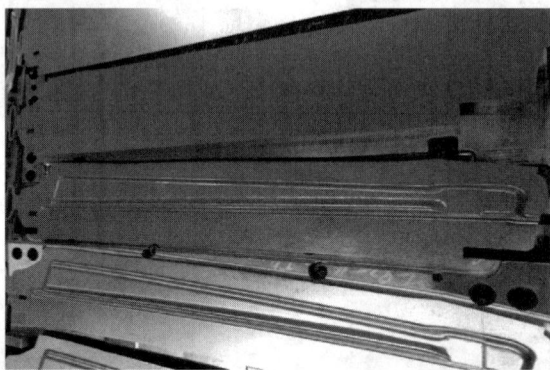

图 2-1-1　产品的压料面飞模后红丹贴合率应在 85% 以上

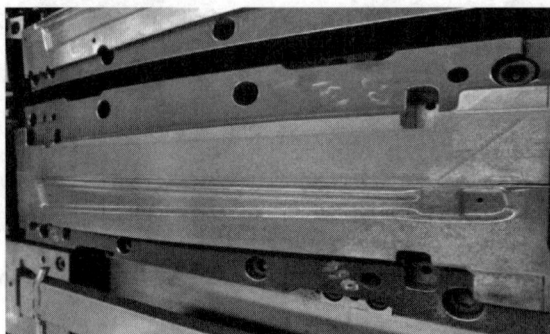

图 2-1-2　拉伸凸模型面的红丹贴合率应在 85% 以上

（2）成形站

通过研磨保证成形站压料面和成形面的红丹贴合率在 85% 以上，尤其是成形的过渡圆角必须到位，如图 2-1-3 所示。

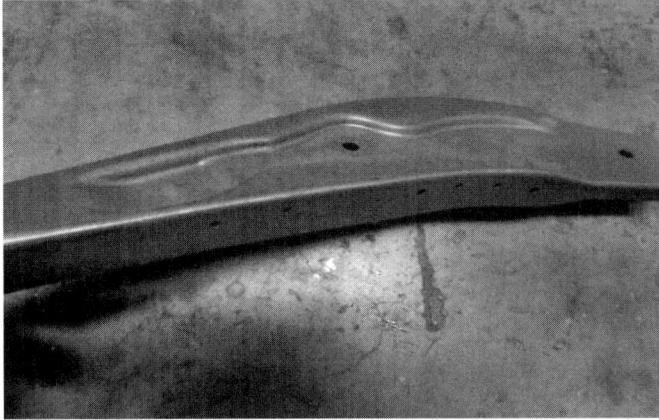

图 2-1-3　成形面和压料面的红丹贴合率应在 85% 以上

（3）整形站

整形则是将之前没有成形到位的整到位，所以这一步至关重要，要求整形站闭合后的红丹贴合率在 95% 以上，如图 2-1-4 所示。

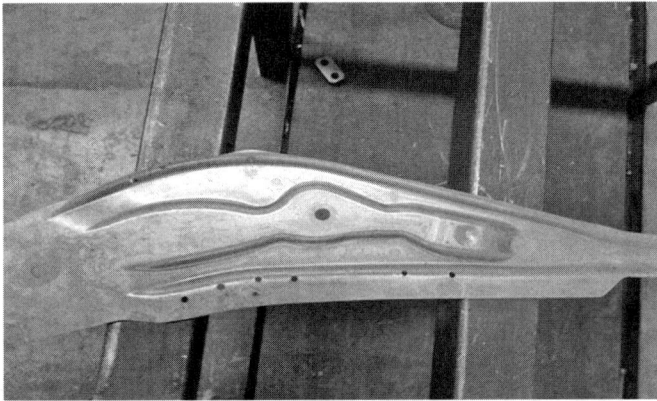

图 2-1-4　整形站闭合后的红丹贴合率应在 95% 以上

（4）切边、冲孔站

切边、冲孔也需先压料，但并不用全部压住料。切边、冲孔站的压料部分为切边、冲孔周围的 5mm 范围，如图 2-1-5、图 2-1-6 所示。

（5）连续模经研磨后的红丹料带

连续模经研磨后的红丹料带见图 2-1-7。

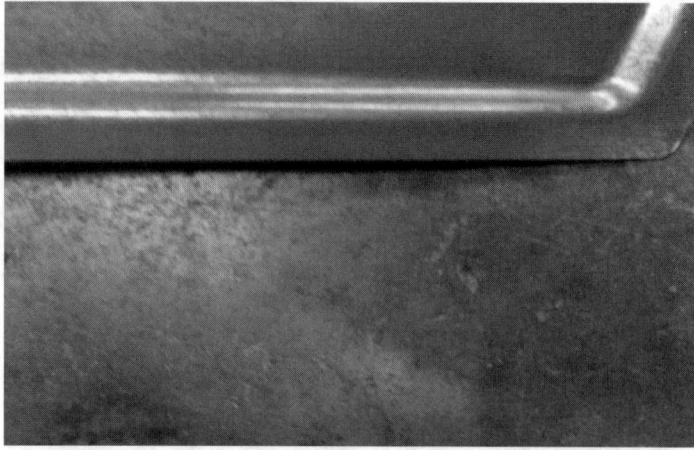

图 2-1-5　切边站的压料部分是切边周围 5mm

图 2-1-6　冲孔站的压料部分是冲孔周围 5mm

图 2-1-7　连续模经研磨后的红丹料带

2.2 工件烧焊

（1）外发工件烧焊步骤

先由工模人员提出申请并输入 ERP 系统打印出外发请购单，注明时间、需烧焊的模具编号和工件编号、烧焊原因、申请人等，然后交由主任或主管确认，经理审批再由 PMC（production material control，生产计划与物料管理）部门负责人签字方可。

（2）烧焊须知

① 模具内除了漏斗、抬料架、管位等需要烧焊外，其他工件都不允许烧焊；

② 所有工件都应尽量避免烧焊，尽可能改为镶件或降面处理；

③ 烧焊后的工件性质不能改变，不允许出现烧裂等不良现象；

④ 模具移模时，烧焊工件必须性能良好且全部抛光至没有烧焊痕迹。

（3）工件烧焊要求

① 工件烧焊前应注意的重点如下：

a. 了解工件的名称和功能；

b. 了解工件的材质和硬度信息；

c. 了解工件烧焊的目的和烧焊位置及尺寸；

d. 需保证工件烧焊后的质量。

② 工件烧焊需向上级提出申请或由研发部门下发图档，图档上要注明工件烧焊的位置和尺寸要求，如图 2-2-1 所示。

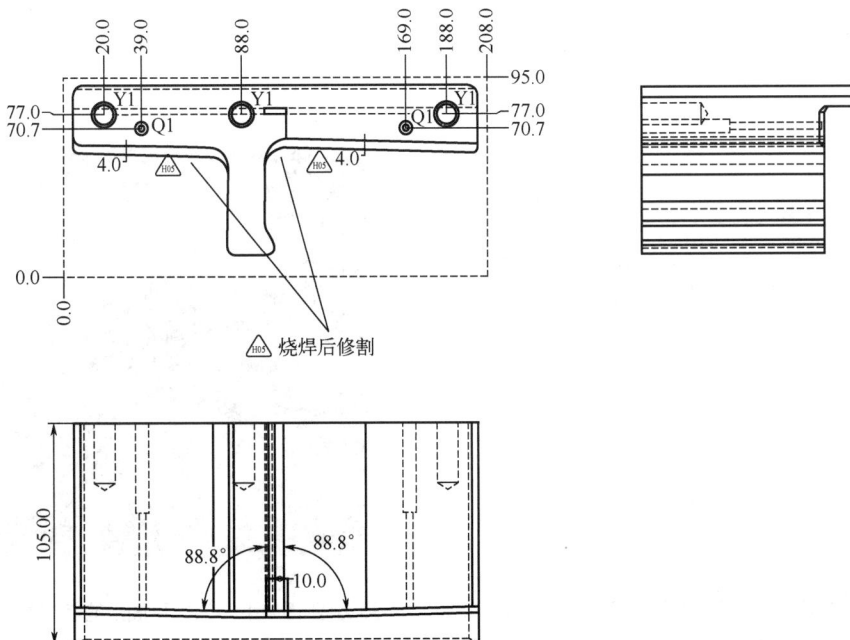

图 2-2-1　图档上应注明工件烧焊的位置和尺寸要求

③ 按照图档上的尺寸要求，用油性笔在工件上标清楚烧焊的位置、尺寸等信息。

④ 为保证加工余量，烧焊高度需高出工件表面 1mm 左右，烧焊面积要超出要求尺寸 2mm 左右。

⑤ 工件烧焊后应表面光滑、颜色一致，整个烧焊区域为一个整体，无明显的高低不平，如图 2-2-2 所示。

（4）冲头刀口烧焊要求

具体如图 2-2-3～图 2-2-5 所示。

图 2-2-2　工件烧焊后的效果

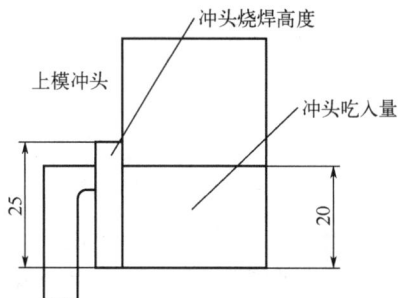

图 2-2-3　上模冲头烧焊高度要求

应高出冲头吃入量 5mm 以上，否则试模时烧焊边会刮伤产品边

图 2-2-4　下模刀口烧焊的宽度台阶要求

下模刀口烧焊的宽度台阶超出 5mm，下面应烧成斜角，以保证烧焊部分的强度

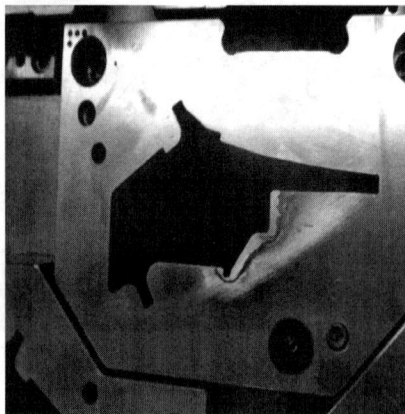

图 2-2-5　下模刀口平面上的烧焊部分要求

为了模具配数的准确性，下模刀口平面上的烧焊高出部分需用磨床加工到数，不能用手工打磨

2.3 产品披锋的形成及处理

（1）披锋的定义

披锋也叫毛刺。在生产过程中因冲裁间隙、刀口的锋利度等的影响，会导致产品的冲孔、切边不良从而产生披锋。在正常情况下，产品的披锋高度不能超过材料厚度的5%。

（2）披锋的形成

披锋的形成见图2-3-1、图2-3-2。

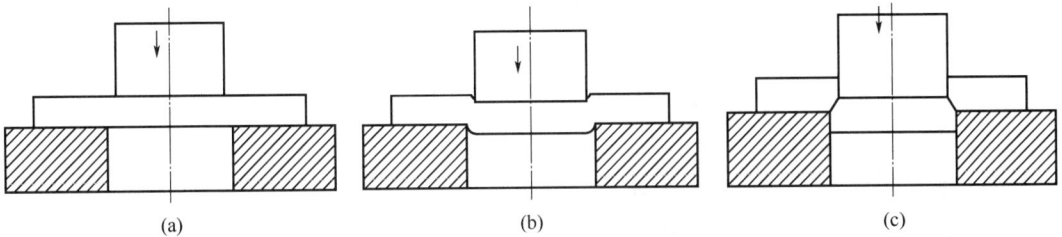

图2-3-1 披锋的形成（1）

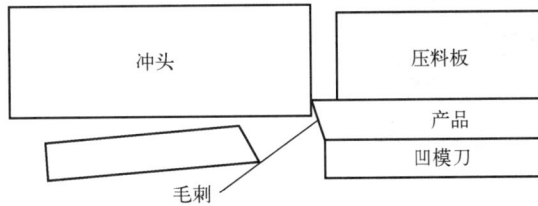

图2-3-2 披锋的形成（2）

（3）冲裁间隙设计取值与披锋高度要求

冲裁间隙设计取值与披锋高度要求见表2-3-1。

表2-3-1 冲裁间隙设计取值与披锋高度要求

产品料厚 T	1.5mm<T≤2.5mm	2.5mm<T≤4.0mm	T>4.0mm
冲裁间隙 b	10%T	12%T	须请示上级
披锋高度	5%T	5%T	5%T

① T为产品厚度（产品为一般材质）；b为冲裁间隙（均为单边间隙），取值根据材质和客户要求而定，材质为铝料时冲裁间隙$b=0.4T$；

② 光亮带长度及披锋高度要求：光亮带长度要求为料厚的 60%左右；切断面光亮带均匀，其长度公差应控制在 0.1mm 以内；切断面的披锋高度不得超过料厚的 5%。

（4）披锋产生的原因分析及解决方法

披锋产生的原因分析及解决方法见表2-3-2。

表 2-3-2　披锋产生的原因分析及解决方法

现象	原因分析	解决方法
	1. 冲头、凹模硬度不够 2. 烧焊刀口烧焊不良 3. 冲头与凹模的刃口钝 4. 刀口使用的材质不符合产品材质冲裁标准	1. 表面处理或报废重新制作 2. 确认烧焊的材质与烧焊的质量，检查中间是否有杂质或气泡等烧焊缺陷 3. 冲头、凹模降面后做垫片 4. 按标准重新制作冲头与凹模
正面塌角面较大 光亮带 光亮带＜拉断面 拉断面	光亮带小，拉断面大，冲裁正面塌角面大，冲裁间隙大	确认冲头的外形尺寸能否满足产品的要求，不能则重新制作冲头或刀口
光亮带　　拉断面 两边光亮带拉断面不均匀 拉断面　　光亮带	1. 上、下模的定位孔不准 2. 冲头的强度不够或变形 3. 冲头与脱料板干涉或导正不好 4. 冲头与凹模的形状不符 5. 冲裁单边切料或有侧向力	1. 确认好上、下模的位置，加大销钉孔 2. 加强冲头的强度 3. 调整脱料板与冲头的间隙 4. 确认正确后修改冲头或凹模 5. 加靠刀，消除侧向力
光亮带 光亮带＞拉断面 拉断面	光亮带大，拉断面小，冲裁间隙小，冲头容易发热，表面易拉毛，影响模具的使用寿命	冲头的尺寸是否满足产品要求，确认后冲头或凹模按正确的间隙公差跟刀

2.4 型面抛光

（1）概要

在模具装配过程中，所有直接与产品接触的成形工作面和仿型零件都需要进行抛光处理，抛光质量直接影响试模的效果。装配现场的抛光工作需严格按标准执行到位。

（2）抛光工具

如打磨机、风磨机、锉刀、各类打磨头及抛光头、千叶轮、抛光蜡、羊毛抛光片、打磨片、大小油石、砂纸、砂布等，如图2-4-1所示。

(a) 气动打磨机

(b) 气动风磨机

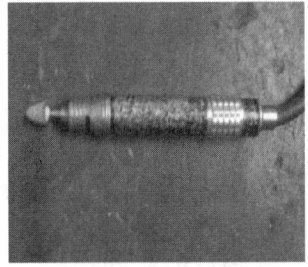
(c) 微型气动风磨机

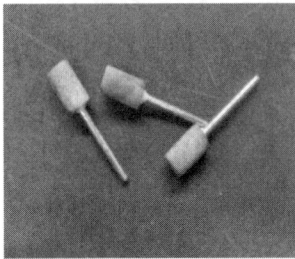
(d) 打磨头

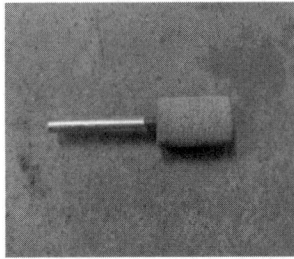
(e) 牛皮抛光头

(f) 橡胶抛光头

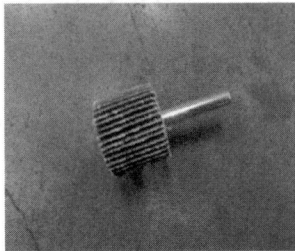
(g) 砂布抛光头

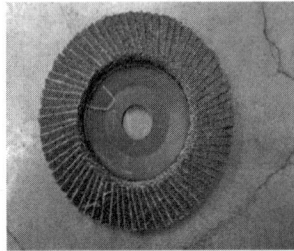
(h) 千叶轮

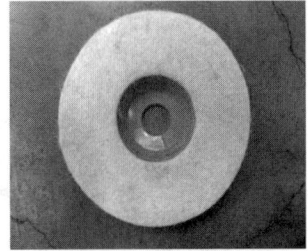
(i) 羊毛抛光片

(j) 打磨片

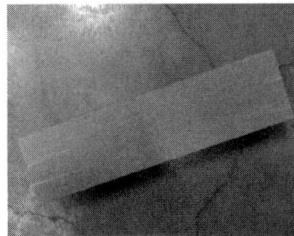
(k) 大油石

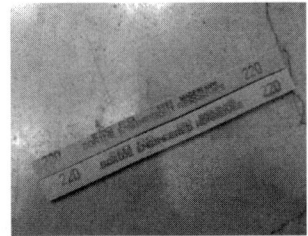
(l) 小油石

图2-4-1 各种抛光工具

（3）风磨机抛光手法

首先在直径 6mm 左右的钢针（长度在 100mm 左右）的一端切一个槽，然后将抛光用的砂布剪成与槽孔长度差不多的条并夹持在钢针槽内，最后将砂布条包裹三四圈即可用来抛光，如图 2-4-2～图 2-4-4 所示。注意砂布条的接头方向和风磨机的转动方向应一致。此方法多用于孔内抛光，外形则多用千叶轮、油石和砂纸抛光。

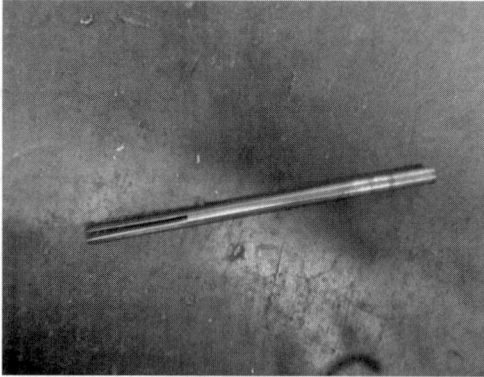

图 2-4-2　用钢针做的抛光辅助工具

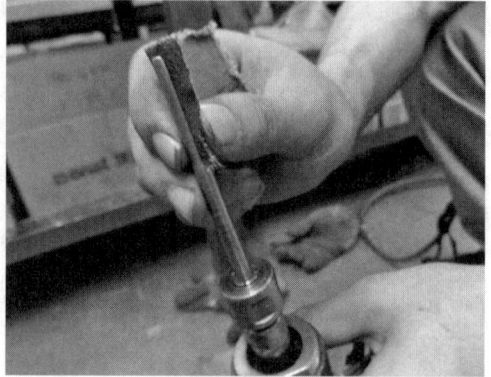

图 2-4-3　砂布与槽孔长度一样

（4）抛光的顺序

① 用风磨机修整模具的倒角、接刀痕、尖角等。打磨前应先将风磨头铣圆滑，以防止打磨时发抖（图 2-4-5）。图 2-4-6 是用锉刀去除模具表面的毛刺、尖角，接顺倒角。

图 2-4-4　将砂布卡在钢针槽里用来抛光

图 2-4-5　打磨前的风磨头处理
打磨前先将风磨头铣圆滑，防止打磨时发抖

② 用风磨机去除模具表面的加工刀纹，如图 2-4-7 所示。

③ 按照先粗后细的顺序用油石研磨，如图 2-4-8 所示。

④ 用牛皮抛光头抛光至表面顺滑。

⑤ 用羊毛抛光片或羊毛抛光头加抛光蜡进行抛光处理，以使成形面达到镜面效果，如图 2-4-9 所示。

图2-4-6 用锉刀去除模具表面的毛刺、
尖角，接顺倒角

图2-4-7 用风磨机去除模具表面的加工刀纹

图2-4-8 按照先粗后细的顺序用油石研磨

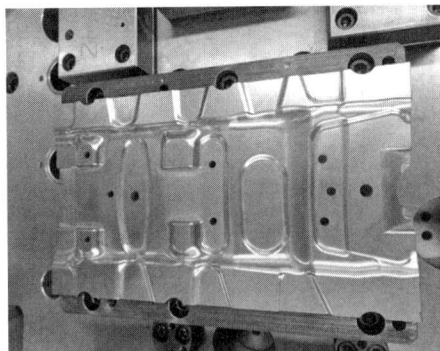

图2-4-9 模具表面抛光完成达到镜面效果

（5）打磨抛光注意事项

① 使用风磨机打磨前，先用合金砂轮将打磨头修平；

② 打磨时要按产品材料流动方向进行修正，接刀不顺、拼接面不平等幅度小的加工痕可以用风磨机打磨，幅度大的必须退回返工；

③ 抛光时尽量按照材料的流动方向大面积来回抛光，小面积地抛光会导致局部下陷或塌角等现象。

2.5 样品送检

（1）样品送检的要求

① 连续模料带的前五个产品不送检（前五个产品质量不稳定，没有检测价值）。

② 生产时需在落料处接住产品（一般使用传送带），以防产品掉落摔变形，造成检测报告失真误导后期改模。

③ 送检的产品不能有红丹、油污和粉尘等，必须擦拭干净。

④ 送检产品上需注明客户编码、模具编码及送检日期。若送检多个产品，需在每个

产品上编号，以便查看检测报告。

⑤ 在有检具的情况下，送检的产品需过检具自检，且要在上机调试到最好的效果后产品才能送检。

⑥ 产品字印需清晰可见且符合客户要求，字体、大小及方向一致。

⑦ 使用检具检测产品时，应尽可能将超差的毛刺修一下，不然会影响通止规的检测。

（2）样品送检的流程

样品送检需填写工作联络单，注明发文部门、发文人、发文日期、收文单位，内容项需写明客户、模具编码及样品信息，然后交主任、经理签字许可。

2.6　产品出货

明确样品的质量要求，确保模具生产出来的样件均能符合客户要求，提升客户产品品质，以更好地服务客户。

（1）外观要求

具体如图2-6-1～图2-6-6所示。

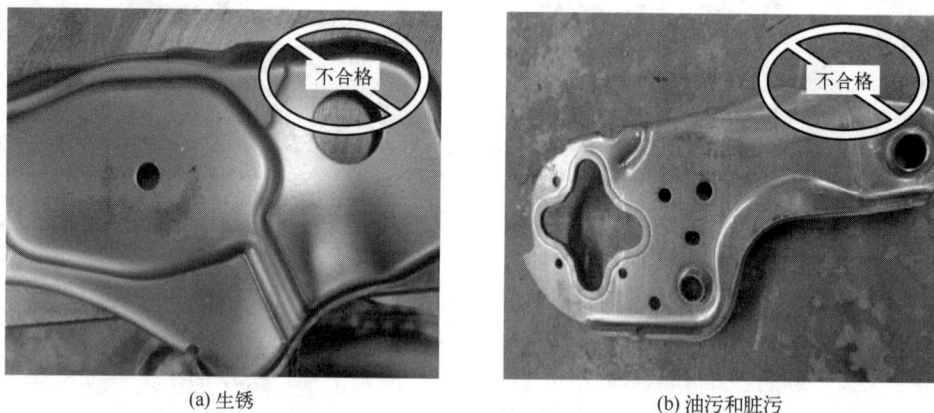

(a) 生锈　　　　　　　　　　　(b) 油污和脏污

图2-6-1　产品外观要求（1）

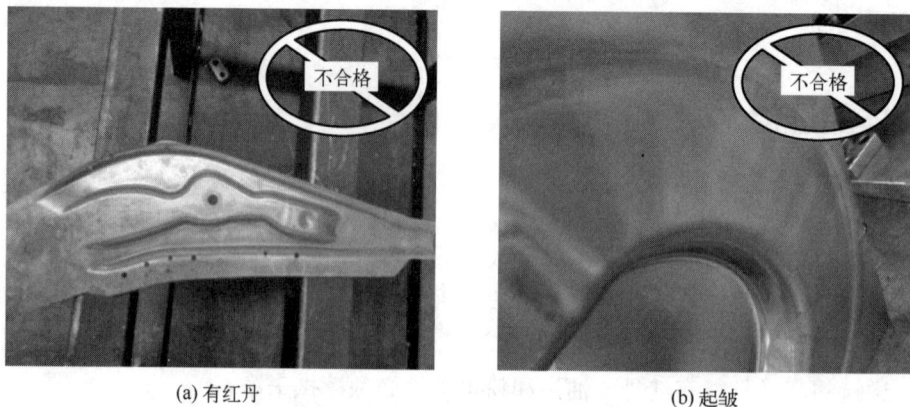

(a) 有红丹　　　　　　　　　　(b) 起皱

图2-6-2　产品外观要求（2）

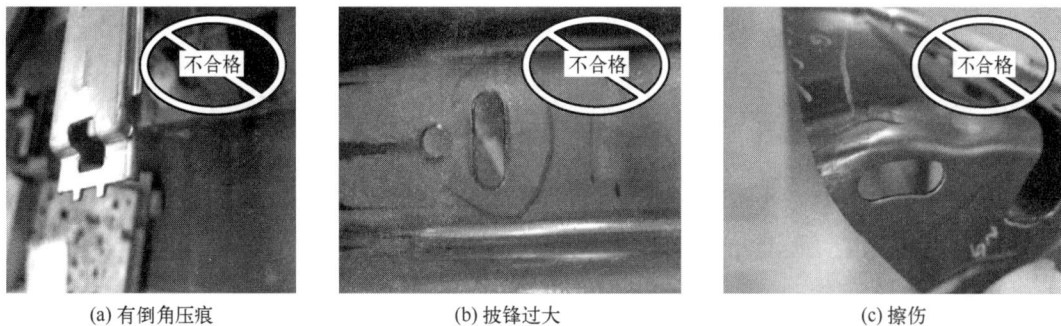

(a) 有倒角压痕　　　　　　　(b) 披锋过大　　　　　　　(c) 擦伤

图 2-6-3　产品外观要求（3）

图 2-6-4　产品外观要求（4）

产品不允许有模印、敲伤和摔打的印痕

图 2-6-5　产品外观要求（5）

产品拉深、打凸包、翻孔后不允许有开裂或暗裂

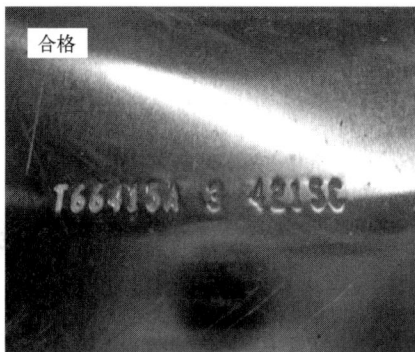

(a) 产品字印要清晰　　　　　　　　　　(b) 样品合格

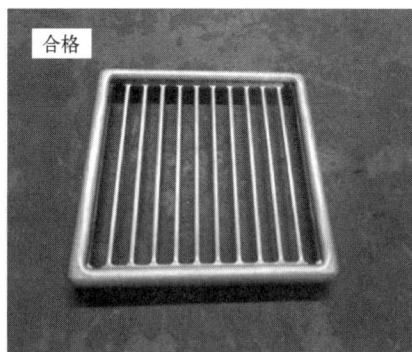

图 2-6-6　产品外观要求（6）

（2）T1 样品要求

① 产品上的模印除了功能性的地方无法避免的，其他模印全部要消除；

② 产品检测报告合格率 80%；

③ 产品剪口多料或少料不能超过 1mm；

④ 装配面不能超差 0.5mm；

⑤ 软料刀口的毛刺不能超过 0.15mm。

（3）T2 样品要求

① 产品不允许有模印；

② 产品检测报告合格率 90% 以上；

③ 产品剪口多料或少料不能超过 0.5mm；

④ 装配面不能超差 0.2mm；

⑤ 软料刀口的毛刺不能超过 0.15mm。

（4）合格样品要求

① 产品外观全部合格；

② 产品检测报告合格率 100%；

③ 硬料刀口的毛刺不能超过 0.10mm。

2.7 产品包装

（1）包材及包装工具

纸箱、珍珠棉、胶带、护角、包装袋、扎扣、剪刀、包装钳、木箱（需定做）、铁皮包装带、铁钉、钉枪。

（2）包装的分类

根据客户的要求，产品包装分为纸箱包装和木箱包装。

（3）纸箱包装流程及方法

具体操作如下：

① 接到项目通知（需出货品名、数量、包装方式等），准备包材，并在图档中找到相应编号的图纸，确认所包装样品；

② 根据产品结构，选用适宜的包材（纸箱、珍珠棉、护角等）；

③ 用纸箱包装产品如图 2-7-1～图 2-7-4 所示；

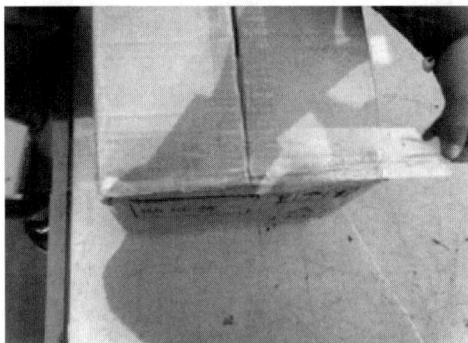

图 2-7-1 纸箱包装产品（1）
用透明胶带封住纸箱底部及四周，
透明胶带应在纸箱两端各留 5cm

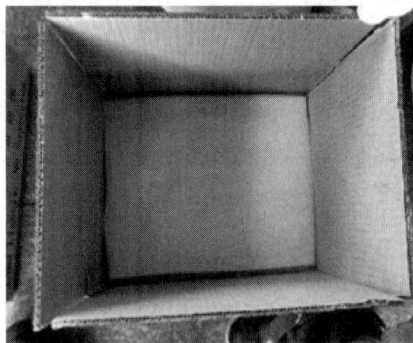

图 2-7-2 纸箱包装产品（2）
纸箱底部要垫一层珍珠棉，珍珠棉的
长、宽均小于所用纸箱的长、宽 1cm

图 2-7-3　纸箱包装产品（3）

放置产品时，每层均需用珍珠棉隔开，产品之间不能有空隙，产品应码放有序，不可有挤压、变形、外露现象

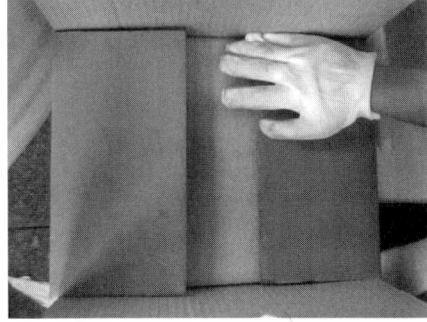

图 2-7-4　纸箱包装产品（4）

装满后在顶部再放一层珍珠棉，珍珠棉的长、宽小于所用纸箱的长、宽1cm为宜

④ 纸箱及周围的包装如图 2-7-5、图 2-7-6 所示；

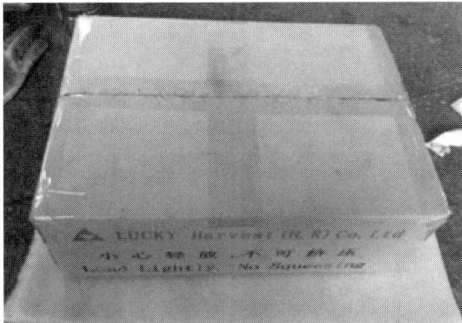

(a) 用透明胶带封住箱口及四周

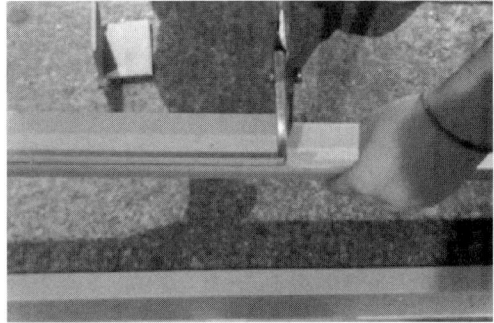

(b) 在纸箱棱角上加护角(若需要)，所选护角的大小应与纸箱型号相匹配

图 2-7-5　纸箱封装具体操作

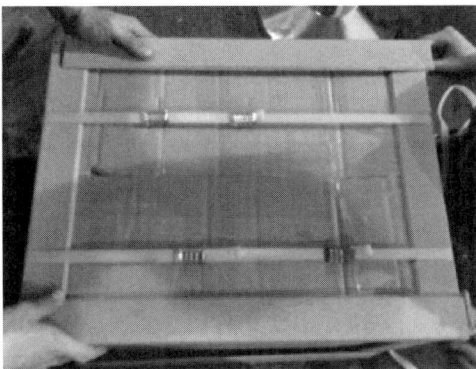

(a) 用包装带打包(包装带位置为纸箱长度的1/3和2/3处)，应不少于两根

(b) 贴标签，标签上的内容要与箱内实物相符且填写完整，另外必须有检验状态标识

图 2-7-6　用包装带打包及贴标签具体操作

⑤ 称重量，测量包装规格（长、宽、高），将包装信息填入样品及检具包装确认表，并做好现场 5S 工作。

（4）木箱包装流程及方法

① 接到项目出货信息（需出货品名、数量、包装方式等），准备包装材料，并在图档中找到相应编号的图纸，确认所包装样品；

② 根据产品结构，选用适宜的包装材料（木箱、珍珠棉等）；

③ 木箱底部及周围均要垫一层珍珠棉；

④ 放置产品时，每层均需用珍珠棉及木板隔开，四周需用木块支撑，产品之间不能有空隙，产品应码放有序，不可有挤压、变形、外露现象（图2-7-7）；

⑤ 装满后在顶部再放一层珍珠棉，并用木板盖封住箱口；

⑥ 用铁钉固定箱口及四周，所有木箱均需打铁皮包装带（图2-7-8）；

⑦ 贴标签，标签上的内容要与箱内实物相符且填写完整，另外必须有检验状态标识；

⑧ 称重量，测量包装规格（长、宽、高），将包装信息填入样品及检具包装确认表；

⑨ 做好现场5S工作。

图2-7-7　木箱内整齐摆放的零件

图2-7-8　木箱打包

（5）注意事项

① 包装前要将产品擦拭干净，易锈产品需涂防锈油；

② 包装前要确认品名、型号，不同品名或型号不可混装；

③ 包装过程中要清点数量，不可多装或少装；

④ 同型号的产品每箱数量要一致，且每批只允许有一个尾数；

⑤ 包装人员需戴防护手套，使用工具时要注意安全；

⑥ 每箱产品装完后要拍照存档；

⑦ 使用钉枪的人员需培训合格后持证上岗操作。

2.8　移模

（1）模板、模具等零件的表面、倒角及孔的外观要求

具体如图2-8-1～图2-8-3所示。

(a) 模板光洁

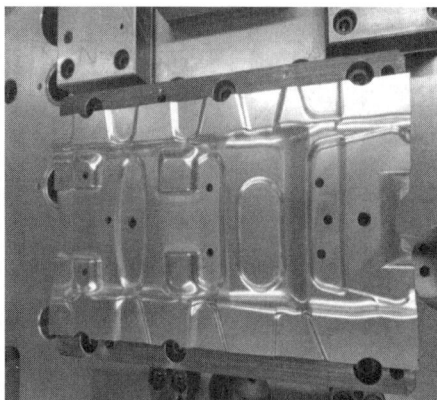

(b) 模具具有镜面效果

图 2-8-1 模板、模具的要求

(a) 非功能角倒角均匀

(b) 冲头刀口无损坏

图 2-8-2 非功能角、冲头刀口的要求

(a) 限位柱按要求喷涂油漆

(b) 耐磨块光洁

图 2-8-3 限位柱、耐磨块的要求

（2）导柱、导套等标准件出模前的外观要求

具体如图 2-8-4～图 2-8-6 所示。

图 2-8-4　外导套出模前的外观要求

图 2-8-5　内导套出模前的外观要求

图 2-8-6　内导柱出模前的外观要求

（3）现场所有模具的外观要求

具体如图 2-8-7 所示。

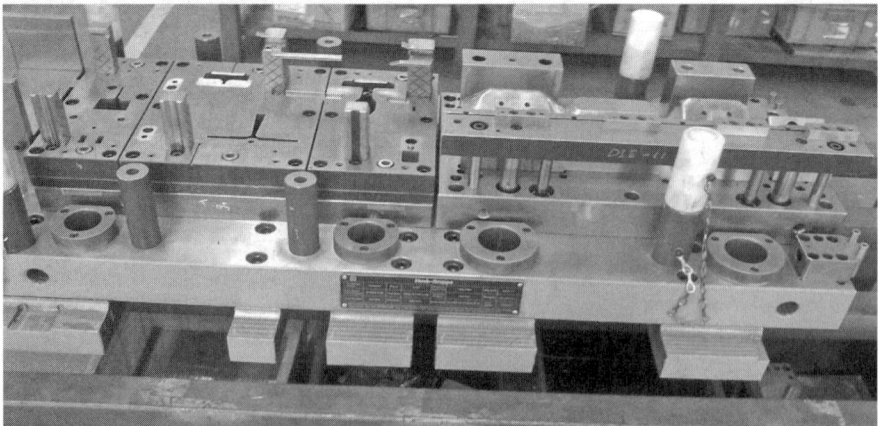

图 2-8-7　现场所有模具的外观要求

（4）模具出货包装前的外观要求

具体如图 2-8-8、图 2-8-9 所示。

图 2-8-8　模具出货包装前的外观要求

图 2-8-9　模具出货包装的外观要求

（5）要求说明

① 所有模板及零件表面无生锈、无油污、无刮痕、无敲伤等，要求表面光洁，所有非功能尖角倒角标准；

② 所有模板及零件的孔、型腔、槽内无铁屑等杂物，要求孔内干净，表面无塌角、无钝刀刀痕，倒角无毛刺；

③ 现场所有装配完成的模具都要求是完整的，不允许漏装任何零部件，包括漏斗、铭牌等；

④ 模具出模前所有模板及配件的表面均进行抛光处理，所有的配件必须装配完整，

导柱、导套、保持架等要用油清洗干净，一些铝料模具要用特定的铝料油来清洗，禁止用其他类型的油；

⑤ 模具在刷油漆前要先除锈，用香蕉水将表面清洗干净；

⑥ 所有出模模具的油漆颜色都应按照客户要求喷涂且应表面光滑，不能将油漆刷在指定区域外；

⑦ 按项目提供的客户信息在模具上喷字，字迹要清晰；

⑧ 模具包装前需在模具内外及表面喷上一层均匀、干净的防锈油，如图 2-8-10 所示。

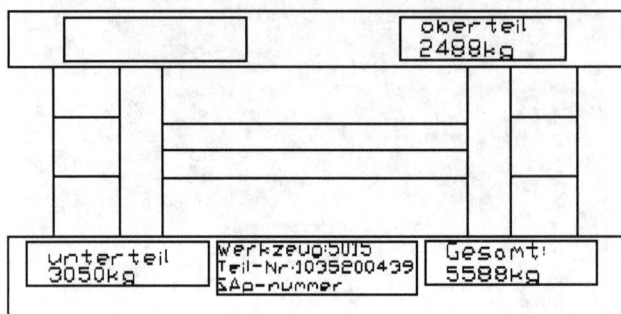

图 2-8-10　模具包装前的内、外及表面处理

2.9　模具出货包装

规范现场的模具出货包装要求，满足客户需求，提高内部品质。

（1）包装前工作

在包装模具前需测量模具的重量（上模的重量、下模的重量以及上、下模的总重量）、尺寸，将模具擦拭干净，所有角落均喷防锈油并按照客户要求喷涂本体颜色、字码、客户代码。

（2）包装材料准备

纸皮、保鲜膜、铁钉、铁丝、珍珠棉、木垫块、螺栓及干净且有环保部门提供的消毒证明书的木箱。图 2-9-1 是各种类型的包装材料。

(a) 纸皮　　　　　　　　　　　　(b) 保鲜膜　　　　　　　　　　　　(c) 木箱

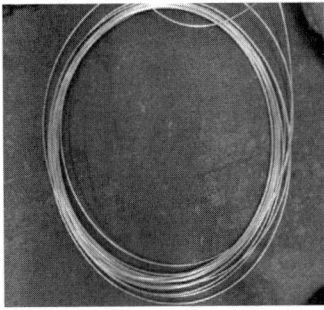
(d) 铁丝

(e) 螺栓

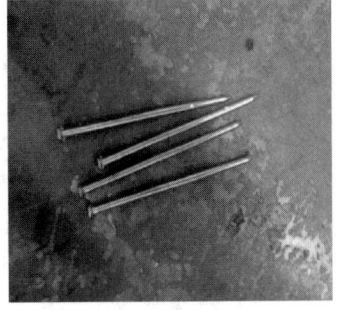
(f) 铁钉

图 2-9-1 各种类型的包装材料

（3）包装顺序

① 依次用保鲜膜和珍珠棉将模具四周包好，模具放入中柱后，上、下模座需要用铁丝四角平衡锁紧，如图 2-9-2 所示。

② 模具放入木箱上面后，周围用实木钉牢，防止模具滑动，下模底部用铁丝和木箱底部捆绑四角，防止模具在运输中跳动，如图 2-9-3 所示。

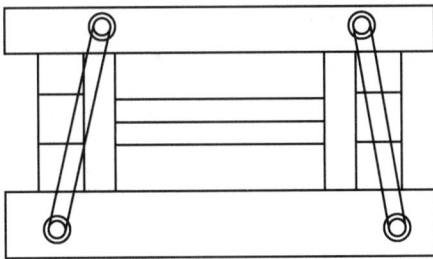

图 2-9-2 模具包装（1）

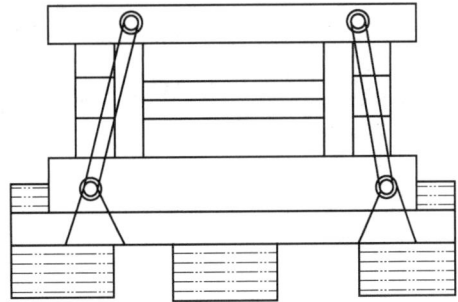

图 2-9-3 模具包装（2）

③ 模具固定好，四面加支撑用木板钉牢固，如图 2-9-4 所示，上面加支撑钉上木板；称重量，量出长度、高度、宽度，贴上标识纸，如图 2-9-5 所示。

图 2-9-4 模具包装（3）

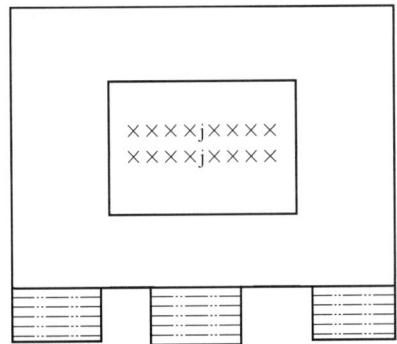

图 2-9-5 贴上模具包装标识纸

（4）用木箱和铁架包装样式

① 用木箱包装模具如图2-9-6、图2-9-7所示。

图2-9-6　用木箱底支撑包装模具

图2-9-7　用木箱包装模具

② 用铁架包装模具如图2-9-8所示。

图2-9-8　用铁架包装模具

第 3 章
模具调试

3.1 模具上机码模

（1）模具上机时的基本要求

① 首先用卷尺测量模具的整体高度，选择适合模具闭合高度和吨位的冲床。模具的闭合高度低于冲床的最低装模高度时，可在模具上面或下面加垫脚。垫脚必须要等高和尽可能多一些，且要垫在受力位置避开落废料孔。

② 为了使模具在冲床上受力均匀，应尽可能将模具放在冲床台面的中心。模具有中心线，则对准机床中心线；若模具没有左右中心线，可用卷尺测量模具及冲床的宽度来确定中心位置。

③ 首次调试冲床的装模高度必须比模具高度高 10mm 左右，然后再将模具与冲床微调至贴紧状态。此时冲床上、下工作台面均与模具贴紧，冲床也刚好打到下死点。严禁一次性将冲床的装模高度调到位，以免因测量有误造成冲床损坏或模具打爆。

（2）常见的码模工具和码模的正确方式

① 常用的码模工具有扳手、九龙码板、平板式码板、压块、垫块等，如图 3-1-1 所示。

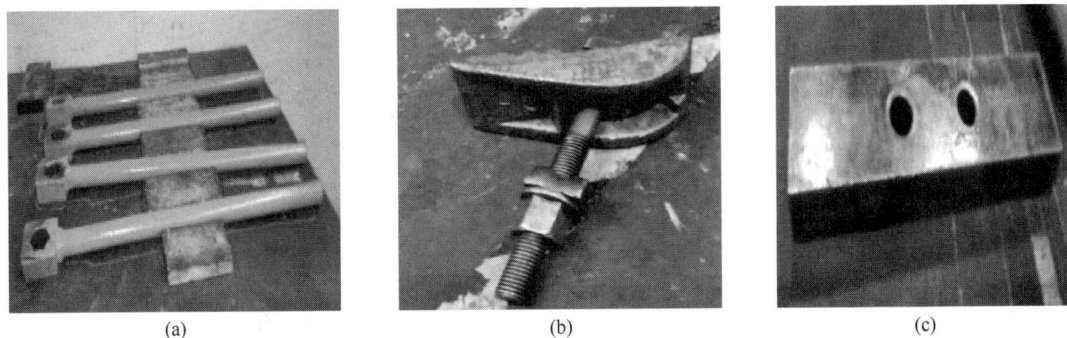

(a)　　　　　(b)　　　　　(c)

图 3-1-1

(d)

(e)

图 3-1-1　常用的码模工具

② 码模的正确方式如图 3-1-2～图 3-1-5 所示。

图 3-1-2　码模的正确方式（1）

注意码模螺杆不能与模具的码模槽接触

图 3-1-3　码模的正确方式（2）

注意码模时码板的大头一定要比小头高

图 3-1-4　码模的正确方式（3）

压板一定要平，码模垫块的高度与
上托板的高度应相仿，否则容易松动

图 3-1-5　码模的正确方式（4）

一般 2m 以下的模具上模要码 4 个码模块，
2~3m 长的模具最少要 6 个码模块，3m 以上
的模具最少要 8 个码模块

（3）注意事项

① 在冲床上工作台上升前必须确定所有上模码板已用扳手锁紧，此时下模码板暂不锁紧；

② 上模开到上死点后拿掉中柱，将模具微调至闭合状态，此时可将下模码板锁紧，然后才可进行调试；

③ 把冲床打至下死点后才可进行拆模，必须确认码板全部拆卸完成才可升起冲床上台面。

3.2 模具闭合

① 模具按标准码模，将冲床开至上死点后，先把内、外限位擦拭干净，刷内外限位柱和脱料板闭合块的红丹，此时模具内不放料带或工序板，然后开始闭合状态的红丹测试，如图 3-2-1 所示。

② 开始测试时，先将冲床滑块下调，下调值为中柱的高度减 5mm（保留一些间隙以免出现误差），然后慢慢下调滑块再微调（图 3-2-2），反复多次直至外限位的红丹贴合率 100%、脱料板平衡块的红丹贴合率 100%。若外限位的红丹贴合率为 100%而脱料板平衡块没有达到 100%，则说明有避位不足或向上成形力太大的地方，需将脱料板回顶进行修正，如图 3-2-3 所示。

图 3-2-1　闭合状态的红丹测试

图 3-2-2　滑块再微调

③ 模具空打红丹测试合格后，将内、外限位擦干净并重新涂上红丹，然后将料带或工序板放进模具进行整套模的红丹测试，如图 3-2-4 所示。

图 3-2-3　脱料板回顶进行修正

图 3-2-4　整套模的红丹测试

④ 整套模具闭合要求：在外限位的红丹贴合率和脱料板闭合块的红丹贴合率为100%的状态下，整形站、成形站等必须闭合的工序上料带或工序板的红丹贴合率为85%~90%即整套模已闭合。模具产品已闭合而外限位未打到红丹见图3-2-5，脱料板闭合块没有闭合的红丹贴合率见图3-2-6。

图 3-2-5　模具产品已闭合而外限位未打到红丹

图 3-2-6　脱料板闭合块没有闭合的红丹贴合率

⑤ 用锡丝检测模具闭合的方法：在每一个外限位锡丝槽内放大于锡丝槽间隙的锡丝（图3-2-7），要保证放材料与不放材料限位柱上打出的锡丝厚度一样。闭合后的锡丝厚度就是锡丝槽间隙，公差为±0.03mm。锡丝厚度（锡丝槽间隙）的测试见图3-2-8。

图 3-2-7　用锡丝检测模具闭合

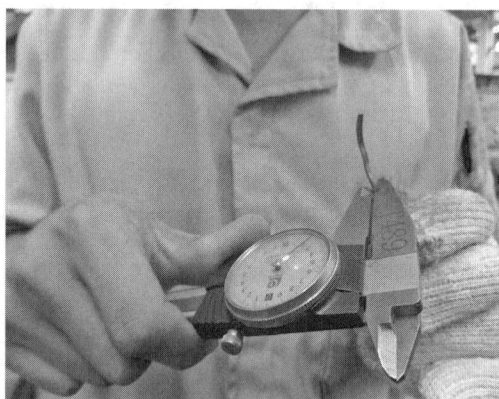

图 3-2-8　锡丝厚度（锡丝槽间隙）的测试

⑥ 模具进行红丹测试前的要求：模具上机前要做模具配数，要求外限位的高度与模具内部的配数（包括一个材料厚度）高度相等；模具的红丹贴合率不合格时不可盲目地垫垫片，要检查间隙是否正确、避位是否足够、加工是否到位等；料带或工序板的红丹贴合率合格后，要求全部外限位和闭合块一样为闭合状态。

3.3　调试时耐磨块的红丹要求

① 导向块、侧冲耐磨块、单边成形和切单边的靠块擦干净。擦净的耐磨块如图 3-3-1，均匀涂上红丹的耐磨块如图 3-3-2 所示。

图 3-3-1　打红丹前擦净的耐磨块

图 3-3-2　均匀涂上红丹的耐磨块

② 导向块全部擦到为合格，红丹的贴合面要接触到 80% 以上，如图 3-3-3 所示。

③ 靠块全部擦到为合格，红丹的贴合面要接触到 80% 以上，如图 3-3-4 所示。

图 3-3-3　导向块红丹贴合面接触

图 3-3-4　靠块红丹贴合面接触

④ 导向块的红丹擦单角（图 3-3-5）为不合格，需要进行研磨。

⑤ 侧冲滑块红丹擦单边（图 3-3-6）为不合格，需重新对模、对侧冲，调正滑块后重新配销钉。

⑥ 导向块的红丹一点都没有擦到为不合格，可以把模具闭合，检查靠块之间的间隙，通过加垫片对间隙进行调整，如图 3-3-7 所示。

图 3-3-5　导向块红丹擦单角

图 3-3-6　侧冲滑块红丹擦单边

图 3-3-7　模具闭合后检查靠块之间的间隙

⑦ 检测耐磨块的红丹时要求如下：

a. 模具上机前应对模，防止耐磨块之间无间隙或干涉，否则会铲坏耐磨块；

b. 在打耐磨块红丹时，模具内不允许放料带或工序板，防止成形时有侧向力，检测不到耐磨块之间的真正间隙；

c. 在第一次试模时就应检测耐磨块的红丹，有问题越早发现越好，越早改正越有利于后期调试模具；

d. 新模对模时应用间隙片检查耐磨块的间隙，如有问题要及时纠正；

e. 耐磨块之间允许有 0.03～0.05mm 的间隙，如超过 0.05mm，可以加垫片。

3.4　手动和自动送料

（1）送料的基本要求

具体如图 3-4-1～图 3-4-7 所示。

图 3-4-1 在醒目的位置标注起始线

图 3-4-2 下模托料板做斜度 15°的送料口

图 3-4-3 导尺全部要做 15°的送料和退料斜度

图 3-4-4 抬料板

在不影响成形和压料功能的情况下，
抬料板都要做送料和退料斜度

图 3-4-5 所有浮块都要做送料斜度

图 3-4-6 中间抬料杆正面和侧面要做送料斜度

（2）送料分类、基本方法和注意事项

① 手动送料和自动送料。手动送料极易出现挡料和送料不顺的问题。图 3-4-8 是手动

送料的现场设备。自动送料时应注意模具的抬料高度与送料机的送料高度一致，且模具要与送料机垂直，以防止送料歪斜造成模具损坏及产品不稳定。图 3-4-9 是自动送料的现场设备。

图 3-4-7　在送料前试模材料必须要校平

图 3-4-8　手动送料的现场设备

② 送料一定要送到初始线或初始管位处，如图 3-4-10 所示。送到位的料带不允许有单边成形和单边切料的地方。

图 3-4-9　自动送料的现场设备

图 3-4-10　送料到初始线或初始管位处

③ 手动送料送到起始线处后，要将材料一边靠住固定导尺，保证与导尺成直线，见图 3-4-11；手动送料时，每送一步都要用与引导针孔大小差不多的圆棒导正一次料带和抬料板引导针孔的位置。

④ 有侧刃误检时，也要检查送料是否送到位，如图 3-4-12 所示。导尺的送料宽度应比料宽 0.5～1mm，否则送料不稳定。料带在中间带料时要做工艺折弯，以防止料带左右晃动，如图 3-4-13 所示。

⑤ 送料时料带一定要平稳，若出现料带低头现象（图 3-4-14）一定要进行修正。

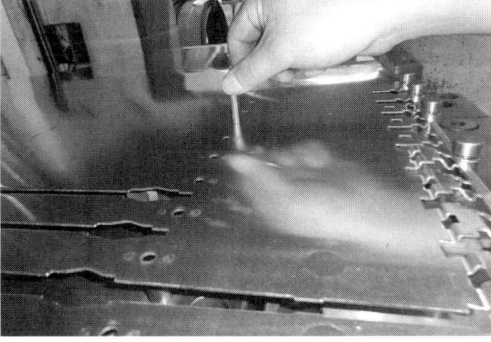

图 3-4-11　材料靠住固定导尺

图 3-4-12　有侧刃误检时检查送料是否送到位

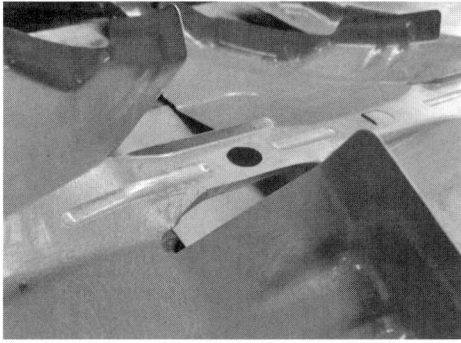

图 3-4-13　料带工艺折弯

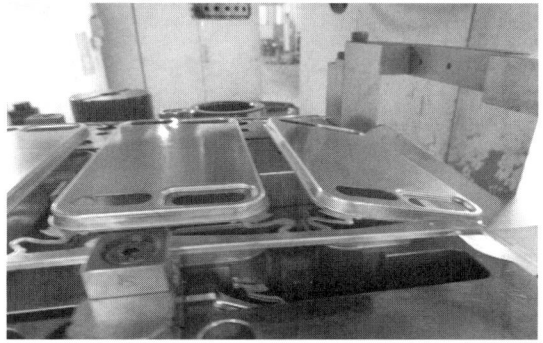

图 3-4-14　料带低头现象

3.5　产品和废料落料

（1）落料要求

① 落料空间要足够大（图 3-5-1），以保证废料或产品在漏斗内随意翻转而不被卡住。

图 3-5-1　落料空间

② 每个落料的地方和漏斗都要尽可能接近 90°落料。按照标准小于 25°的应加滑板，小于 18°的必须加振动器辅助落料。

③ 将产品或废料轻轻地放在漏斗或落料的地方（图 3-5-2），看是否可以顺利滑落；若不能顺利滑落则存在落料隐患，必须进行改善。

图 3-5-2　检验产品或废料是否可以顺利滑落

④ 试模前必须将所有的落料漏斗、落料顶针、冲头防带料顶针等落料设备装配齐全。

（2）落料的动态检测

① 试模过程中仔细观察每一个落料情况，若不能冲压一次落料一次，则需观察模具落料孔和漏斗，找出原因并改善；若试模时改善有难度可将问题记录下来，完成试模后统一改善。

② 试模过程中还需要仔细观察每个产品落料的速度，若存在落料迟钝或停顿的现象，则必须进行改善；所有掉产品和废料的漏斗宽度必须大于产品和废料的对角线长度（图 3-5-3），以防卡料。

③ 为方便后期生产，模具有左右件时漏斗必须做到将左右件隔离开，如图 3-5-4 所示。

图 3-5-3　漏斗尺寸

图 3-5-4　模具有左右件时的漏斗

④ 确认无落料隐患后还要进行连动生产测试，连动生产数次后才能完全确认落料正常。

（3）备注

① 模具投入生产使用后若产品和废料落料不顺，将对模具造成很大的伤害，所以保证模具落料的通畅尤其重要。

② 落料通道必须保持通畅无阻，必须做到生产多少次就落料多少次，只要发现有一次不落料就必须改善。

3.6 研磨配型面

（1）模具内需进行研磨的具体位置

凹模与凸模的配合、镶件与型腔的配合、滑块与滑道的配合、导柱与导套的配合，一般是在配合间隙小的情况下，采用研配进行精细的加工或手工完成所需的配合关系。研配的方法有磨床精磨、手工打磨、油石研磨等。

（2）研磨的原因

由于加工误差、机械的加工精度、加工环境等各种因素的影响，加工完成后的零件，特别是一些较复杂的成形面，很难保证完全合格，因此模具装配后凸模与凹模需要通过精细的研配才能满足要求。

（3）研磨使用的工具

大小风磨机、打磨机、锉刀、打磨头、油石、砂纸、红丹、碎布等。

（4）研磨前准备

① 新模装配完成后先用风磨机将上下模表面的尖角、高出成形面的接刀痕、转角加工不到的位置、拼接不顺、凹模的内圆角等修平，然后再合模用锡丝确认上下模的间隙；

② 成形间隙调整合格后，需用油石把上下模表面的刀纹推平后再上机试模；

③ 上机后需再次使用锡丝动态检测成形间隙，在确保模具闭合、成形间隙正确的情况下才能用试模材料试模，并打出一条研磨用料带或一套工序板；

④ 准备好研磨用的完整料带或工序板，将料带或工序板清理干净并均匀涂上红丹；

⑤ 将模具需研配的型面清理干净。

（5）模具研配步骤和方法

具体如图 3-6-1～图 3-6-5 所示。

图 3-6-1　凸模的外形

带件研磨，一般以凸模为基准研磨
凹模，所以要保证凸模的外形准确

图 3-6-2　产品压出正反面都有红丹顶的研磨
零件的对应位置

产品压出红丹后，要看产品的正反面，如果都有
红丹顶的发白现象，就研磨零件的对应位置

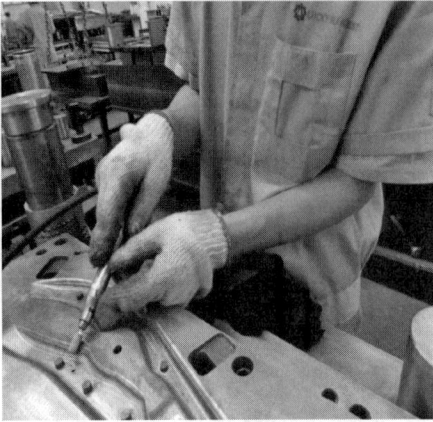

图 3-6-3　研磨手法

研磨时注意研磨手法要
平稳，控制好力度及范围

图 3-6-4　样品的红丹贴合率及贴合面达到要求

当样品的红丹贴合率达到 85%以上时，先用油石将研磨
面推平，再用红丹件复压，贴合面达到 85%以上即可

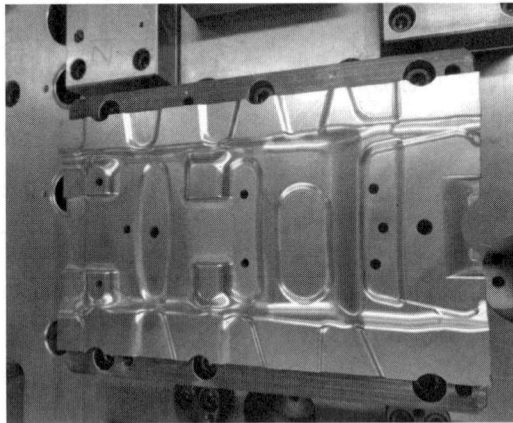

图 3-6-5　抛光效果

下机后要做抛光处理，先用油石推
平，再用羊毛抛光片加抛光蜡抛光

3.7　拉深模调试

（1）概述

利用一定圆角半径的拉深模可将平板毛坯或开口空心毛坯冲压成容器状，如图 3-7-1
所示。这个冲压过程称为拉深，拉深常出现的问题是起皱和拉裂。

（2）拉深件起皱

在拉深件凸缘部分（即压料部分）出现最多，有时也会出现在拉深件壁上。

① 压边圈压力不足，增加压边圈压力。压边圈压力在拉深过程中不能过大或过小，
若压边圈压力过大，会增加坯料凹模的摩擦而增大拉裂的可能性；若压边圈压力过小，又

会使坯料失稳起皱。在拉深模中这两者是矛盾的，这也是最大的技术难点，需仔细耐心地分析试拉深才能找出平衡点。图 3-7-2 是根据产品进行压边圈压力分析判断。

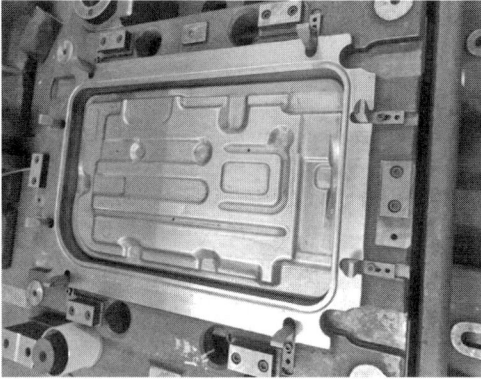

图 3-7-1 拉深件

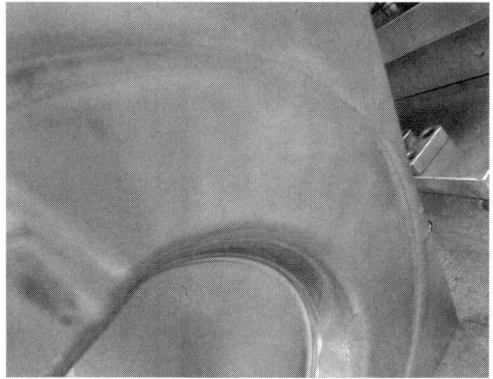

图 3-7-2 根据产品进行压边圈压力分析判断

② 采用拉深筋可以有效解决起皱问题。对于大型拉深件，有时需采用内外两圈拉深筋以进一步增加径向拉应力。外圈拉深筋比内圈拉深筋稍高些（高出 2 倍料厚）。拉深开始时，外圈拉深筋起主要作用。随着拉深深度的增大，毛坯向里收缩，内圈拉深筋将起主要作用，工件壁部和凸缘不易起皱，材料能顺利进入凹凸模的间隙之中，从而拉出平整光洁的零件。图 3-7-3 是拉深筋的应用。

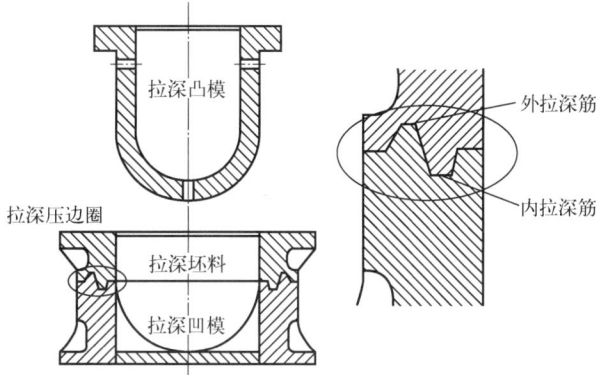

图 3-7-3 拉深筋的应用

③ 采用反向拉深法。先将毛坯拉深成一个简单的凸缘拉深件，然后如图 3-7-4 所示反向拉深下模，或如图 3-7-5 所示反向拉深上模。

（3）拉深件拉裂

拉裂通常出现在接近拉深件壁最高点的圆角或拐角的地方。拉深件拉裂危险断面分析见图 3-7-6，材料变薄过于严重的报废产品分析见图 3-7-7。当该断面的应力超过材料的强度极限时，零件就会在此处产生破裂，如图 3-7-8 所示。即使拉深件未被拉裂，由于材料变薄过于严重，也可能使产品报废，如图 3-7-9 所示。拉裂的原因分析及解决方法如下：

图 3-7-4　反向拉深下模

图 3-7-5　反向拉深上模

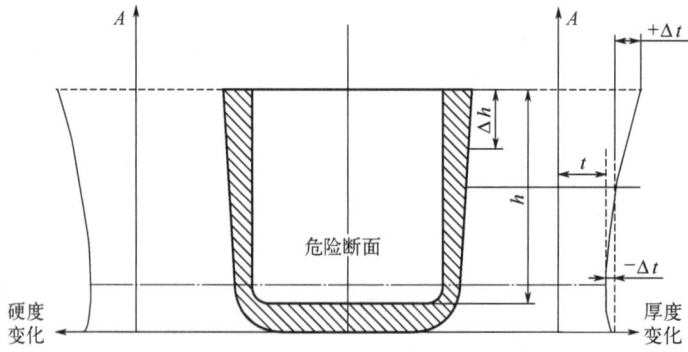

图 3-7-6　拉深件拉裂危险断面分析

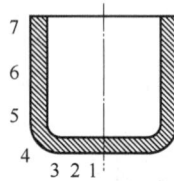

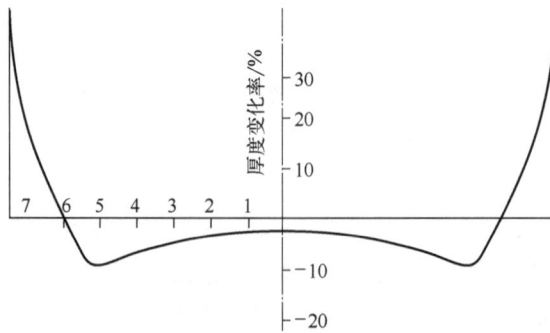

图 3-7-7　材料变薄过于严重报废产品的分析

图 3-7-8　危险断面的应力超过材料
　　　　强度极限的报废产品

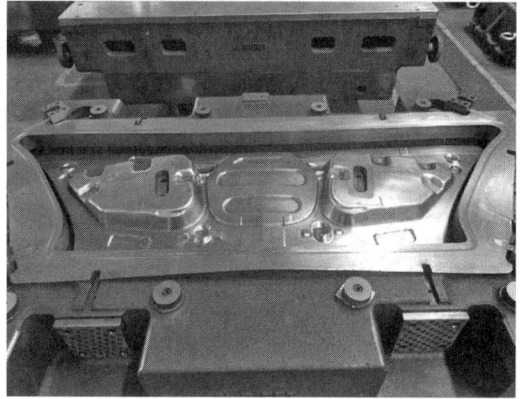

图 3-7-9　材料变薄过于严重的报废产品

① 压边圈压力大，增加的拉伸阻力超过了拉深件壁的最大承载能力。可以通过增高压边圈的平行块有效地控制压力，或在不会起皱的情况下，可以直接减小压边圈的氮气压力。

② 压边圈和凹模的间隙不均匀，从而使整个压边圈的压力集中到间隙小的区域，造成局部拉伸阻力大大超过拉深件壁的最大承载能力。这种情况可以通过拉深件双面涂红丹试压求证，红丹的贴合率要达到 80% 以上，没有达到则要进行飞模处理直到间隙均匀。

③ 压边圈和凸模的光亮顺滑程度不够或者混入了异物，拉伸阻力增大，甚至超过拉深件壁的最大承载能力。需要对压边圈和凹模进行抛光处理，使其达到镜面状态，同时需保持拉深模内光洁，材料才能顺利进入凹、凸模的间隙。

④ 凹模和凸模的圆角取值也会直接影响拉裂倾向（图 3-7-10），特别是凹模圆角。圆角越小越容易拉裂，可适当地加大圆角。

⑤ 拉深件坯料尺寸不良或定位不准。这时需要调整坯料的外形尺寸试拉，因为坯料小了容易起皱而大了就会拉裂，要很细心地去分析试拉试出平衡点。即使坯料的形状尺寸良好，但如果定位不好或是放置方位不对也会产生拉裂，或是一边拉裂一边起皱。拉深的展开目前没有很好的方法去准确计算，只有依靠经验去调试出稳定的效果，最后再把形状尺寸确定下来。图 3-7-11 是拉深件坯料尺寸不良造成的拉裂，图 3-7-12 是拉深件坯料定位不准造成的拉裂。

⑥ 拉深筋的位置和形状不良。可以适当地改变拉深筋的形状，根据坯料的流入过程确定拉深筋的位置。图 3-7-13 是拉深筋的位置和形状不良造成的拉裂。

⑦ 对于很难解决的拉裂问题可采用推力拉深法，即将拉深件坯料向拉深路径推，如图 3-7-14 所示。该方法的缺点是模具结构较复杂，故应用不是很广泛。

图 3-7-10　凹模和凸模的圆角取值不当造成的拉裂

图 3-7-11　拉深件坯料尺寸不良造成的拉裂

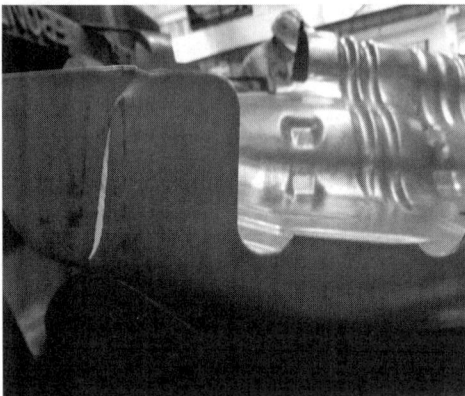

图 3-7-12　拉深件坯料定位不准造成的拉裂

图 3-7-13　拉深筋的位置和形状不良造成的拉裂

（4）拉深件的变形

由于坯料拉深后塑性变形的应力作用和拉深件飞边以后应力的释放，拉深件的形状发生了变化。

① 拉深件回弹。加大压边圈的压力和缩小凹模的圆角，让坯料发生塑性变形，可以轻微地改善回弹；根据回弹量分析进行回弹补偿；进行整形。

② 拉深件扭曲。不规则的拉深件在拉深完成以后，由于其每一个地方的应力都不一样，因此变形也不一样，从而产生扭曲的现象。这种扭曲的现象只有根据经验分析进行变形量补偿和整形来解决。

③ 模具贴合率较差。拉深件未能按要求完全拉深到位及未能有效克服应力，致使型面未能达到理论值。由于加工误差等原因，模具凹、凸模的贴合率很难保证，因此拉深模和成形模都要通过红丹辅助研磨到位，要求贴合率在80%以上。结合前面两点，必须根据研磨到位后的试模效果来进行回弹补偿和整形。

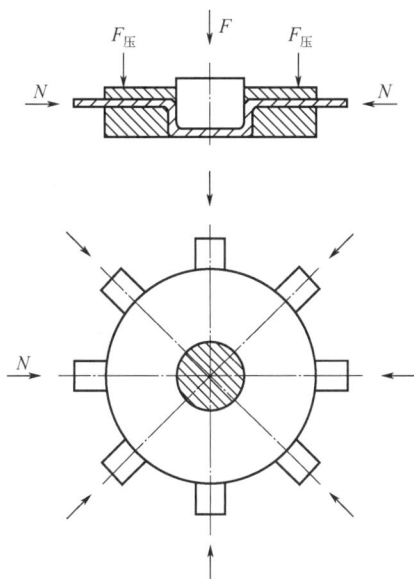

图 3-7-14　推力拉深法

3.8　打凸包调试

在冲压加工中，打凸包是一种成形工艺。其原理是通过模具对材料施加压力，使材料在局部区域产生拉伸变形，从而形成凸起的形状。凸模对材料的局部区域进行挤压，材料在径向受到拉伸应力，在厚度方向受到压缩应力。当拉伸应力超过材料的屈服强度时，材料就会发生塑性变形，形成凸包。例如，在制作金属盒的盖子时，为了增加盖子的立体感或者用于安装按钮等部件，会通过打凸包工艺在盖子表面形成一个小的凸起部分。

① 打凸包成形可能发生的问题主要是产品平面度问题。由于应力作用，打凸包过程中会发生变形，凸包位周边向凸起方向变形翘起甚至起皱，造成产品平面度问题，从而导致整个产品的型面超差（图 3-8-1）。

图 3-8-1　整个产品的型面超差

② 打凸包成形一般有两种方式，即压料成形和没有压料成形。压料成形模如图 3-8-2 和图 3-8-3 所示。

图 3-8-2　压料成形下模

图 3-8-3　压料成形上模

③ 打凸包过程中发生的材料变形难以掌控，因此凸模和凹模都要求设计或改为独立且可快拆的可调方式（图 3-8-4、图 3-8-5），以便调试。

图 3-8-4　打凸包凸模

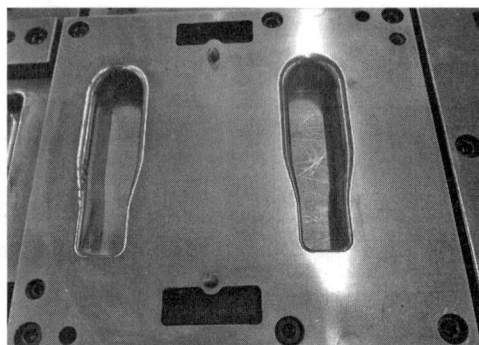

图 3-8-5　打凸包凹模

④ 确认模具闭合状态（图 3-8-6），分析红丹料带或工序板有无顶死的地方导致打凸包不到位，特别是凹模凹角处常会加工不到准数。

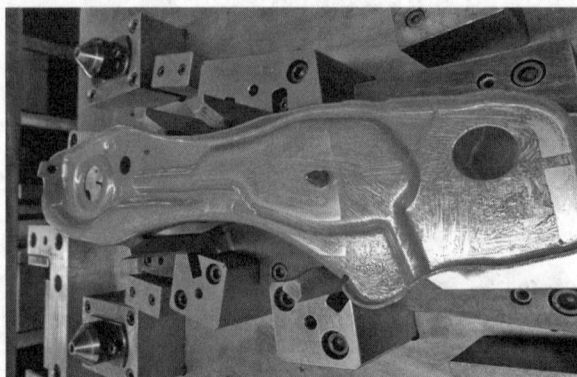

图 3-8-6　确认模具闭合状态

⑤ 打凸包成形控制变形量，压料力是关键的一个因素，应确保压料板有足够的压料力，如图 3-8-7 所示。

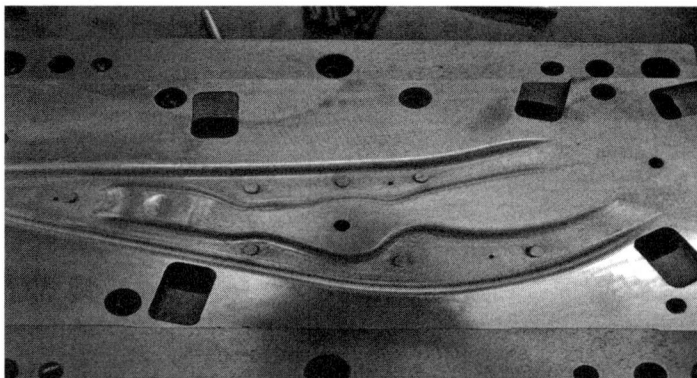

图 3-8-7　确保压料板有足够的压料力

⑥ 在各种调试后仍然无法解决变形问题，考虑加整形或在成形、整形站做变形量补偿。应充分分析发现所有问题的根源，做好记录，从根本上一个一个解决，用专业的技术手法一步一步调试。

第**4**章

现场作业流程及安全

4.1 新模组立前作业

新模组立前作业指导书	页　　码：
（1）目的：规范模具制造，提高工作效益，保证品质、交货日期。 （2）适用范围：适用于新制模具。 （3）人员职责：此流程由模具制造部主导，主导人为新模装配项目技师。 （4）执行内容：模具制造部应严格遵守并执行以下内容。	版　　本： 文件编号：

工作流程及责任人	工作内容
接收图纸 （主任）	（4.1）接收研发部门下发的完整新模图纸
新模评审	（4.2）模具制造部接收到图纸以后，熟悉图纸，了解模具结构，确认各部门交期
	（4.3）根据交期到生产计划管理部门跟进配件、模板
接收工件（技师）　加工商　机加工	（4.4）对照图纸检查所有零件，查看尺寸、数量及品质，表面粗糙度，以及刀口是否损坏，有无锥度，有无漏加工，是否按部门及本厂要求制作
合格　清理工件　不合格	（4.5）针对异常开出异常单，交文员登记并移交项目工程师跟进处理，返回生产计划管理部门
整理工件	（4.6）模板退磁、倒角、清角处理，抛光打磨、打油，摆放整齐

编制	确认	审批

4.2 新模组立作业

新模组立作业指导书	页　　码：
	版　　本：
	文件编号：

（1）目的：规范模具制造，提高工作效益，保证品质、交货日期。
（2）适用范围：适用于新制模具。
（3）人员职责：此流程由模具制造部主导，主导人为新模装配项目技师。
（4）执行内容：模具制造部应严格遵守并执行以下内容。

工作流程及责任人	工作内容
	（4.1）检查上、下模座有无漏加工，导柱、导套及销钉的配合，去除毛刺及倒角、退磁处理的效果
	（4.2）下模板检查刀口，销钉导柱倒角抛光，用销钉、导套、导柱滑配
	（4.3）背板、上脱料板检查沉头深度，销钉有无防掉装置，试配镶件，正面倒 $R0.5$mm 左右，试配冲头
	（4.4）夹板试配冲头是否紧固，扣位深浅，冲头螺栓、销钉是否偏位
	（4.5）重叠下模板、垫板、模座确认废料孔、顶针弹簧孔有无偏位
	（4.6）重叠夹板、止挡板、脱料板，插入导柱，试配冲头确认冲头长短大小，检查间隙（成形刀口）
	（4.7）工件异常开异常单，交由文员登记并移交项目工程师跟进处理
	（4.8）确认无误后可全面组模，注意打油，先装下模锁紧螺栓，再合上模，对模无误再组立弹簧顶针，注意氮气弹簧行程、顶针力度
	（4.9）装配下垫脚，检查高度及废料孔避位，防止装反，上、下垫脚受力点合理性
	（4.10）装配完成后打油，实施 5S，多余的零件退回仓库，模具放入指定区域

编制	确认	审批

4.3 试模作业

| 试模作业指导书 | 页　　码： |
| 版　　本： |
| 文件编号： |

（1）目的：规范模具制造，提高工作效益，保证品质、交货日期。
（2）适用范围：适用于新制模具。
（3）人员职责：此流程由模具制造部主导，主导人为新模装配项目技师。
（4）执行内容：模具制造部应严格遵守并执行以下内容。

工作流程及责任人	工作内容
填写试模计划单(技师) 安排机台(经理) 准备材料上机试模(技师) 上机调试模具(技师) ├ 确认每步功能是否正确(主任、主管) ├ 确认每步成形间隙和红丹(主任、主管) 针对问题点进行调试，记录问题点(主任、主管) 保留红丹料带和试模料带，下机并实施5S(技师)	（4.1）由项目技师填写试模计划单，注明模具编码、时间、冲床吨位及试模内容并交由主任签字确认 （4.2）由经理根据部门进度安排机台及时间 （4.3）上机前准备好材料、图纸、检具等，清理机台面杂物，清扫上、下垫脚，冲床调到适合高度，试模调试需寸动式微动 （4.4）架模时注意上、下顺序，先码上模，根据模具大小判断码板数量，模具尽量对齐 （4.5）试模时逐步确认刀口成形间隙、避位、脱料、压料力、顶料力、压痕 （4.6）成形面用铅条试间隙、红丹、合模率，主任必须现场确认模具问题点记录，以便讨论改模时提供数据 （4.7）冲床上维修模具、拆备件，用箱子装好放在机台旁，再次开机前应认真确认好模具内有无异物 （4.8）记录试模问题点，保留试模红丹料带和试模料带，主任确认下机并实施5S （4.9）试模结束拆模时注意上、下顺序，要先放掉气压，先拆上模再拆下模，收拾完工作台面，各码板螺栓归位，清扫废料

编制	确认	审批

4.4 改模作业

改模作业指导书

页　码：

版　本：

文件编号：

（1）目的：规范模具制造，提高工作效益，保证品质、交货日期。
（2）适用范围：适用于新制模具。
（3）人员职责：此流程由模具制造部主导，主导人为新模装配项目技师。
（4）执行内容：模具制造部应严格遵守并执行以下内容。

工作流程及责任人	工作内容
将模具上、下模分开摆放（技师） 整理试模问题点检测报告分析（主管、主任） 组织设计人员检讨（主管、经理） 制定改模方案（主管）——整理改模内容（主任）／排定各阶段计划（主管） 出改模图纸（设计员）——按图加工（加工部）	（4.1）改模前，各部门主管、主任需根据模具认真核对产品图、避位、红丹、研配、闭合是否到位、刀口间隙及一些可测量的数据，整理试模问题点及产品检测报告，同时将模具上、下模分开摆放
	（4.2）整理好试模记录交设计负责人（3位）并确定好讨论时间，需改工艺结构及双方各持不同方案时，需由经理及总经理决定
	（4.3）讨论时项目技师及主任必须在场主导，按顺序工步逐步确认问题点，用数据分析，用事实证明可行性
	（4.4）完成讨论后，设计、工模负责人签名，排出各阶段时间，交给文员存底后发给项目部，后期跟进计划
	（4.5）改模图纸下发后，对照试模记录认真确认，拆板后交到模具综合部——交代清楚
	（4.6）项目技师根据改模安排计划跟进各协作部门进度

编制	确认	审批

4.5 打样及量产作业

打样及量产作业指导书	页　码：
	版　本：
	文件编号：

(1) 目的：规范模具制造，提高工作效益，保证品质、交货日期。
(2) 适用范围：适用于新制模具。
(3) 人员职责：此流程由模具制造部主导，主导人为新模装配项目技师。
(4) 执行内容：模具制造部应严格遵守并执行以下内容。

工作流程及责任人	工作内容
	（4.1）营业员接到客户通知，下发受注打样单给模具制造部
	（4.2）模具制造部接到打样单后，需填写试模计划单申请使用冲床
	（4.3）冲床使用时间确认后，项目技师提前准备好材料及装产品箱、传送带，并进行人员安排
	（4.4）复合层冷却系统需先判定复合层面，用火枪先烤再判定，主任必须确认后方可进行下一步
	（4.5）打样时需检查冲裁刀口有无毛刺、变薄、刮伤、擦伤，并对照图纸对功能性尺寸进行检测，确认是否少孔、多孔及产品尺寸稳定性
	（4.6）样品移交检测室确认产品合格率，如果不是交合格样，需与项目部确认清楚交样的合格率，符合打样要求才可进行打样
	（4.7）批量打样时将速度调到最快，对模具出件、出废料、送料进行验证，以便后期改善，每隔 15min 需进行抽检
	（4.8）打完样填写样品移交表，移交品保部
	（4.9）品保部根据项目部信息安排包装出货

编制	确认	审批

4.6 烧焊作业

烧焊作业指导书

页　　码：

版　　本：

文件编号：

（1）目的：规范模具制造，提高工作效益，保证品质、交货日期。
（2）适用范围：适用于新制模具。
（3）人员职责：此流程由模具制造部主导，主导人为新模装配项目技师。
（4）执行内容：模具制造部应严格遵守并执行以下内容。

工作流程及责任人	工作内容
	烧焊条件：要有工件内部异常联络单或讨论记录
下发工件烧焊图档(研发部)	（4.1）研发部下发工件烧焊图档，图档上需注明烧焊位置及尺寸要求（有型面的和复杂的工件需提供 3D 图档），工模技师需在工件上标识清晰烧焊的位置和尺寸要求，再将工件移交到待外发加工区域
填写外发加工单(技师)	
各级主管签字确认(技师)	（4.2）工件烧焊需由技师填写外发加工单交主任、经理及总经理确认并签字后，再交 PMC（生产计划和物料管理）部外发处理
PMC通知供应商取工件(采购员)	（4.3）PMC 部通知供应商取工件进行烧焊处理，外发加工单上需注明数量、重量、交货日期，工模技师需向供应商交接清楚工件烧焊要求
烧焊回厂(供应商)	
确认烧焊效果(技师)	（4.4）烧焊后确认：当工件烧焊回厂后，项目技师需根据图纸检查烧焊位置是否正确、烧焊余量是否足够、烧焊后是否有开裂等
按图纸要求进行加工(加工部)	（4.5）加工：加工部接到确认合格的烧焊工件以后，按照图纸要求进行加工

编制	确认	审批

4.7 表面处理作业

表面处理作业指导书	页　码：
	版　本：
	文件编号：

（1）目的：规范模具制造，提高工作效益，保证品质、交货日期。
（2）适用范围：适用于新制模具。
（3）人员职责：此流程由模具制造部主导，主导人为新模装配项目技师。
（4）执行内容：模具制造部应严格遵守并执行以下内容。

工作流程及责任人	工作内容
	表面处理条件：一般情况下工件进行表面处理是根据客户的要求或为了提高模具品质
工件表面 处理需求	（4.1）确保工件无烧焊和裂纹后才可开始抛光
工件抛光 （技师）	（4.2）确认工件抛光完成后，需填写外发加工单交主任、经理及总经理确认并签字后，再交 PMC 部外发处理
填写外发加工单 （技师）　　装配 （技师）	（4.3）PMC 部通知供应商取工件进行表面处理，外发加工单上需注明数量、重量、交货日期，项目技师需在工件上注明需做表面处理的区域
各级主管签字确认 （技师）　　检测 （品检员）	（4.4）工件表面处理完成后，供应商需对工件进行检测并确保工件变形量不超过正常范围及无开裂现象，若有异常需及时与客户沟通处理
PMC通知供应商取 工件(采购员)　工件表面处理 回厂(供应商)	（4.5）工件表面处理回厂后由仓库过磅签收，经品保检测后移交模具制造部装配

编制	确认	审批

（1）常用模具零部件表面处理工艺见表4-7-1。

表4-7-1 常用模具零部件表面处理工艺

序号	工艺名称	颜色	工艺适用范围
1	镀硬铬	白色	铝料拉深、翻边等成形工件
2	镀氮化铬	银白	铝料刺破孔翻孔冲头
3	镀氮化锆（ZrN）	淡黄色	铝料成形
4	TD（热扩散法碳化物覆层）		钢材（420、550、590、980）等
5	镀氮化钛（TiN-P/TiN-G）	金黄色	钢材、铝料冲孔（圆形）
6	镀氮碳化钛（TiCN）	灰色	铁料成形
7	镀氮铝化钛（TiAlN）	黑色	不锈钢、不锈铁；高精度冲头、齿轮、翻孔
8	杜霸复合涂层（DURA technology）		特殊钢材、超厚板材
9	表面渗碳（氮化）		P20、45钢、718等软料表面加硬

（2）表面处理注意事项

① 在进行表面处理前，工件主体必须沿材料流动方向进行抛光，以保证没有痕迹和凹凸不平等现象，且倒角大小合适、自然接顺；

② 外发表面处理前须经主管、主任严格确认，再由经理及总经理审批后才可外发。对工件品质需层层把关，以保证使用寿命及生产稳定性。

4.8 新模移模作业

（1）新模移模要求

① 模具内所有刀口、成形部位、活动部位、靠块等配合间隙正确；

② 客户提出的所有问题点及品质异常问题点必须整改完成；

③ 模具必须按出模标准装配完整、外观光亮，非功能性尖角按标准倒角，所有资料齐全。

（2）新模移模前装配完成状态

① 模具对模间隙正确及对模证据保留，具体如图4-8-1～图4-8-3所示。

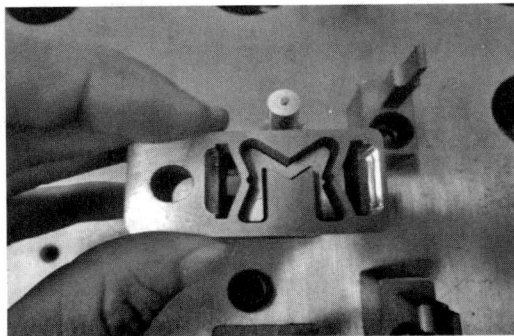

图4-8-1 刀口、侧冲、吊冲对模的间隙检测

刀口、侧冲、吊冲对模的间隙必须在标准公差以内（单边间隙的±20%）

图 4-8-2　用锡丝检测成形间隙

用锡丝检测成形间隙,其应在公差
[+0.03mm/-(0.1~0.15)mm]以内

图 4-8-3　限位块、对顶、外限位柱的间隙检测

模具闭合状态下检测限位块、对顶、
外限位柱的间隙,其应符合客户标准

② 上模装配完整状态,具体如图 4-8-4~图 4-8-11 所示。

图 4-8-4　上模装配(1)

模具的配件和板件必须检测合格后经过倒角、退磁,
清理干净再装配,所有螺钉、销钉均按照标准装配

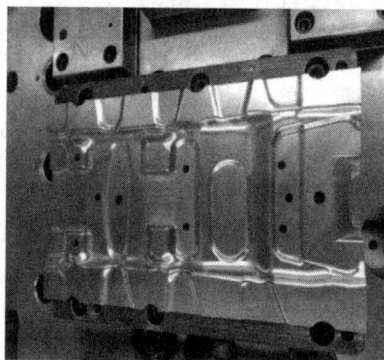

图 4-8-5　上模装配(2)

所有成形面、仿形面抛光至光滑,配件装配完整,氮气弹簧
未装氮气的情况下,脱料板活动顺畅,上、下无干涉

图 4-8-6　上模装配(3)

脱料板与冲头间的间隙按客户要求执行,客户未注明的
按标准执行

图 4-8-7　上模装配(4)

上模氮气弹簧行程足够,氮气弹簧孔的直径与氮气弹簧
匹配,底部平整无脏污,所有氮气弹簧均要用螺钉固定

图 4-8-8　上模装配（5）

盖脱料板前将模具内清理干净，并打上防锈油

图 4-8-9　上模装配（6）

锁紧外六角形螺栓或等高螺栓

图 4-8-10　上模装配（7）

氮气弹簧与脱料板应有 0.5～1.0mm 的间隙

图 4-8-11　上模装配（8）

上模的所有螺栓均用加力杆加力并用白色油漆笔标记

③ 下模装配完整状态，具体如图 4-8-12～图 4-8-15 所示。

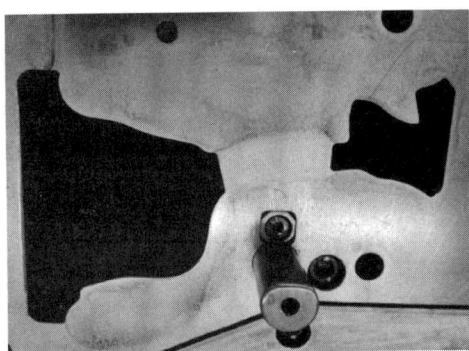

图 4-8-12　下模装配（1）

配件装配完整，刀口锋利，模具抛光至光滑，废料孔无台阶，氮气孔有漏油孔，引导针过孔能通到托板

图 4-8-13　下模装配（2）

抬料板、浮块活动顺畅，托板或垫脚与客户冲床信息一致，垫脚有刻字防止装反

图 4-8-14　下模装配（3）

所有的废料漏斗、产品漏斗角度合理且按标准
装配完整，误检位置合理，活动顺畅、无干涉

图 4-8-15　下模装配（4）

下模的所有螺栓均用加力杆
加力并用白色油漆笔标记

（3）模具装配完整度及外观要求

新模移模前装配完整度和外观必须严格按照客户的要求执行，否则不可以移模，具体如图 4-8-16～图 4-8-19 所示。

图 4-8-16　模具的装配完整度及外观要求（1）

模具的氮气系统要装配完整

图 4-8-17　模具的装配完整度及外观要求（2）

漏斗装配完整，漏斗上需焊接一层波纹板

图 4-8-18　模具的装配完整度及外观要求（3）

按客户的要求制作铭牌，并安装在指定位置

图 4-8-19　模具的装配完整度及外观要求（4）

模具上的误检杆、误检开关、接线盒等装配完整

移模后需将所有工艺文档与每一次的试模记录整理归类存档，文档保存有效期为 3 年。

4.9 工艺文档

表 4-9-1 模具包装资料

客户名称			
产品编号			
冲床吨位（单位：t）			
模具闭合高度（单位：mm）			
模具尺寸：长×宽×高（含中柱）（单位：mm）			
模具包装尺寸（单位：mm）			
上模重量（单位：kg）			
下模重量（单位：kg）			
模具总重量（单位：kg）			
模具包装后总重量（单位：kg）			
备注信息			
工模技师签名			
主任/主管签名			

表 4-9-2 模具静态验收表

检查日期：

技师				审核			
客户编号			产品编号			工序号	
模具尺寸			模具重量			状态：□合格 □不合格 □改进	
长	宽	高	上模	下模	总重量		

序号	点检内容	判定结果	备注
1	模具管料宽度、尺寸是否正确	是□否□	
2	是否有起始线或其他标示，是否刷有油漆	是□否□	
3	送料浮块是否平面等高，送料方向是否倒角抛光	是□否□	
4	所有非功能区是否倒角或抛光	是□否□	
5	顶料针力度是否够大、力度平等	是□否□	
6	刀口是否有锥度，漏料是否够大、由滑板滑出	是□否□	
7	下模板与垫脚是否有销钉或键槽固定	是□否□	
8	轧形块是否稳固，是否有耐磨块或油槽	是□否□	

序号	点检内容	判定结果	备注
9	轧形块、滑块间隙是否合理、稳固	是□否□	
10	活动部位是否有通气孔、油槽	是□否□	
11	轧形零件、活动部位是否有拉伤	是□否□	
12	轧形零件是否进行过表面处理	是□否□	
13	是否有垫片，垫片是否标准、是否固定在零件上	是□否□	
14	冲头是否可防跳废料	是□否□	
15	冲厚板、大冲头是否有卸力功能	是□否□	
16	刀口模板、螺栓面与模板面是否有 5mm 间距	是□否□	
17	导柱孔、导向针孔是否为通孔	是□否□	
18	最后一步上模是否有防粘产品顶针，下模是否有顶料顶针	是□否□	
19	材质硬度是否达到图纸要求	是□否□	
20	冲头冲公（与冲头配合的凹模部分）是否松动，是否为快拆结构	是□否□	
21	使用的配件是否为非标准件	是□否□	
22	上模销钉是否有防掉装置	是□否□	
23	退料板间隙是否合理	是□否□	
24	所有螺栓是否紧固	是□否□	
25	刀口零件是否有损坏现象	是□否□	
26	零件上是否有起吊牙孔，模座起吊牙是否够大	是□否□	
27	零件、模板上有无零件编号、材质硬度	是□否□	

表 4-9-3 模具动态验收表

检查日期：

状态：□合格　□不合格　□改进		技师		审核	
客户编号		产品编号		工序号	
序号	点检内容		判定结果	备注	
一、使用参数	（1）使用材料：长（　　）mm、宽（　　）mm、厚（　　）mm				
	（2）使用吨位（　　）t；实际显示吨位（　　）t				
	（3）架模定位是否合理		是□否□		
	（4）模具闭合高度尺寸（　　）mm				
	（5）限位、位置是否合理，使用铅条是否到位		是□否□		
	（6）冲压时速（　　）min				

序号	点检内容	判定结果	备注
一、使用参数	（7）冲压显示（ ）吨位参数		
	（8）完成数量（ ）件		
二、安全性	（1）误送检查是否起到作用	是□否□	
	（2）送料是否顺畅，无刮料、带料上下模现象	是□否□	
	（3）送料管位是否合理可调	是□否□	
	（4）漏废料是否顺畅、方便出料	是□否□	
	（5）产品滑出是否顺畅	是□否□	
	（6）防弹簧零件飞出是否有挡板装置	是□否□	
	（7）生产过程是否有异常响声	是□否□	
	（8）是否有跳废料现象	是□否□	
三、生产性	（1）靠刀块是否靠紧	是□否□	
	（2）轧形间隙是否正确	是□否□	
	（3）滑块是否顺畅、回位	是□否□	
	（4）异形研合力是否达到85%以上	是□否□	
	（5）轧形部位是否有对顶力、侧向力问题	是□否□	
	（6）活动部位是否有拉伤	是□否□	
	（7）产品是否有压痕、模印、暗裂	是□否□	
	（8）刀口断层面是否合理	是□否□	
	（9）生产日期字印是否正确	是□否□	
	（10）产品尺寸是否正确（用量具、三坐标测量仪检测）	是□否□	
	（11）导柱间隙是否偏向一边	是□否□	

表4-9-4 模具出货检查记录表

检查日期：

客户编号		产品编号		工序号
序号	点检内容		判定结果	备注
1	模具管位是否与产品相匹配，放取是否顺畅		是□否□	
2	产品脱料是否顺畅		是□否□	
3	产品避位是否合理		是□否□	
4	模具边钉是否为紧配合，是否有防掉装置		是□否□	
5	产品是否有防反装置		是□否□	

序号	点检内容	判定结果	备注
6	同板厚度螺栓顶针是否等高	是□否□	
7	产品是否放置平衡	是□否□	
8	漏废料是否顺畅	是□否□	
9	外限位是否起到作用，位置是否合理	是□否□	
10	模具配件装配是否齐全，有无漏装配	是□否□	
11	模板配件是否有防错装置	是□否□	
12	闭模高度、送料高、码模槽位置及大小，快速定位，是否符合客户冲床资料	是□否□	
13	模具零配件是否有垫片，点焊锁紧螺栓固定	是□否□	
14	螺栓顶针是否能够承受产品力度	是□否□	
15	是否需要刻起始线，若需要喷何种颜色	是□否□	
16	安检装置是否符合客户要求并起作用	是□否□	
17	模具外观是否需要喷油漆，若需要按客户要求喷漆	是□否□	
18	确认模具包装是否放入料条及图纸	是□否□	
19	剪切分离部分落入是否顺畅	是□否□	
20	两用浮升销是否滑顺	是□否□	
21	剪切分离脱料板上是否有脱料顶针	是□否□	
22	模具是否有生锈现象	是□否□	
23	公件（模具配合结构中起冲压主动作用的零件）是否为快换形式	是□否□	
24	滑块是否顺畅	是□否□	
25	模具是否有圆环孔；吊环牙是否够大，是否拧进顺畅，位置是否够宽	是□否□	
26	误送装置是否装上	是□否□	
27	是否有跳废料，是否有防跳废料顶针	是□否□	
28	模板与模板之间是否清理干净	是□否□	
29	量产冲床冲下速度是否合理	是□否□	
30	送料是否顺畅	是□否□	
31	浮块、滑块是否有加工油槽	是□否□	
32	刀口螺栓沉头是否够磨刀口直身位，厚板要求 5.0mm	是□否□	
33	退料块是否滑配，用手可以退出	是□否□	
34	外限位是否使用铅条试验	是□否□	
35	顶针弹簧螺栓是否标准要求项目	是□否□	

注：1.在样品合格后此表移交给计划部门之前，组模技师应对模具再次确认，如有客户特别要求，按客户要求追加确认项目。
2.在判定结果栏位，点检合格的打√，点检不合格的打×。

组模技师检查：　　　　　　　审核：　　　　　　　确认：

表 4-9-5　组立作业检查标准

检查日期		图纸接收日期		组立日期		试模日期		出货日期	
客户编号		产品型号			工序号		担当		

序号	点检内容	判定结果	备注
一	审图	是□否□	
1	送料高度（　　　　）		
2	闭模高度（　　　　）；模具设计吨位（　　　　）		
3	送料方向（　　　　）		
4	材料规格：长（　　　）、宽（　　　）、高（　　　）		
5	了解料条每站工艺	是□否□	
6	了解模具结构工艺（模具结构、哪几站闭合）	是□否□	
二	模具零件的确认	是□否□	
1	模具零件是否返磁	是□否□	
2	零件表面质量是否合格（倒角、损坏等）	是□否□	
3	零件与图纸对比是否合格（尺寸、硬度）	是□否□	
4	零件打编号、材质、硬度	是□否□	
5	加工表面质量、表面粗糙度是否合格	是□否□	
6	合销、导柱孔实物配合是否合格	是□否□	
三	模具组装	是□否□	
1	螺栓锁紧正常，刀口沉头深度确认	是□否□	
2	合销配合松紧度是否合格	是□否□	
3	夹板冲头紧配，扣位深度不低于 0.2mm	是□否□	
4	下模废料孔不能有台阶	是□否□	
5	导引孔下模通孔是否合格	是□否□	
6	导向块进料处三面倒角是否合格	是□否□	
7	对照排样，确认模具配件让位	是□否□	
8	上下模、空合模确认无干涉（刀口成形部位等）	是□否□	
9	活动零件非功能处摩擦面是否有加工油槽	是□否□	
10	上模合销加防掉装置（夹板、脱料板）	是□否□	
11	氮气弹簧螺栓固定是否合格	是□否□	
12	模座、垫脚、托板是否安装键槽	是□否□	

序号	点检内容	判定结果	备注
13	活动组合件运动顺畅	是□否□	
14	模具非功能区域不能有尖角	是□否□	
15	以料条面为基准，测量上、下模面，保证高度一致	是□否□	
16	模具自由状态，有氮气弹簧，没有预压	是□否□	
四	试模前准备	是□否□	
1	模具在机台上一定要先空压到闭模高度没有异常	是□否□	
2	成形部位间隙确认	是□否□	
3	机台上无异物，使用胶箱装配件	是□否□	
4	试模人员准备好工具（扳手、红丹、铅条等）	是□否□	
5	试模材料准备合格	是□否□	
6	模具清理无异物	是□否□	
7	模具紧固	是□否□	
五	试模确认项目	是□否□	
1	闭模高度（ ）		
2	使用冲床吨位（ ）		
3	产品让位	是□否□	
4	送料顺畅	是□否□	
5	脱料板平衡	是□否□	
6	成形侧向力平衡	是□否□	
7	刀口间隙合理	是□否□	
8	产品无毛刺	是□否□	
9	落废料顺畅，无叠料现象	是□否□	
10	产品出件顺畅	是□否□	
11	成形面研配是否到位，间隙是否合适	是□否□	
12	模具冲床时是否有异常声音	是□否□	
	其他问题	是□否□	
六	再次试模	是□否□	
1	上次问题是否解决	是□否□	
2	连续冲压送料出件是否异常	是□否□	
3	模具闭合再次确认	是□否□	
4	上脱料板连续冲压运行无异常	是□否□	

序号	点检内容	判定结果	备注
5	针对成形站重新审核侧向力	是□否□	
6	针对产品数据报告分析及调试模具	是□否□	
7	技术难点跟踪	是□否□	
8	产品编号、日期、代码等确认	是□否□	
评分：			

填写人：　　　　　　　　　　　　　　　　　　　确认：